城市建设新热点：住房和城乡建设部确定 103 个城市为国家智慧城市试点

住房和城乡建设部近日下发通知提出，确定北京经济技术开发区等 103 个城市（区、县、镇）为 2013 年度国家智慧城市试点，并就做好试点工作提出具体要求。

通知指出，各地要针对本地区新型城镇化推进中的实际问题，制订出智慧城市创建目标，做好顶层设计；制订创建任务和重点项目的时间节点；创新体制机制，明确责任和考核制度，落实相关保障措施。同时，要高度重视信息整合和共享协同，抓好城市公共信息平台和公共基础数据库建设，提升各应用系统效能；注重城市发展中的应用体系建设，突出具有经济效益和社会效益的标志性成果。

通知强调，各地要指导试点城市编制重点项目投融资规划，将"政府引导、社会参与"的多渠道、多元投资落到实处，逐一落实项目投资规模、资金来源和建设时序，确保创建任务顺利完成。省级住房城乡建设主管部门要总结 2012 年度智慧城市试点管理经验，统筹做好本地区试点的组织协调、全过程管理指导检查和监督工作。组织列入 2013 年度试点的城市（区、县、镇）修改完善试点实施方案，编制创建任务书，并开展评审工作。

图书在版编目（CIP）数据

建造师 26 /《建造师》编委会编 . —北京：
中国建筑工业出版社，2013.10
ISBN 978-7-112-15044-1

Ⅰ．①建 … Ⅱ．①建 … Ⅲ．①建筑工程—丛刊
Ⅳ．① TU－55

中国版本图书馆 CIP 数据核字（2013）第 190347 号

主　　编：李春敏
责任编辑：曾　威
特邀编辑：李　强　吴　迪

《建造师》编辑部
地址：北京百万庄中国建筑工业出版社
邮编：100037
电话：（010）58934848
传真：（010）58933025
E-mail：jzs_bjb@126.com

建造师 26
《建造师》编委会 编
*
中国建筑工业出版社 出版、发行（北京西郊百万庄）
各地新华书店、建筑书店经销
北京中恒基业印刷有限公司排版
世界知识印刷厂印刷
*
开本：787×1092 毫米　1/16　印张：8¼　字数：270 千字
2013 年 9 月第一版　　2013 年 9 月第一次印刷
定价：18.00 元
ISBN 978-7-112-15044-1
　　　（24521）

CON目T

录 NTS

本社书籍可通过以下联系方法购买：

本社地址：北京西郊百万庄

邮政编码：100037

邮购咨询电话：

（010）88369855 或 88369877

《建造师》顾问委员会及编委会

我国建筑行业全要素生产率变动的实证分析

——基于超越对数随机前沿模型

林 航

（对外经济贸易大学国际经济贸易学院，北京 100029）

摘 要： 本文用超越对数随机前沿模型，以自 2000 年至 2011 年 12 年间中国大陆地区 31 个省级行政区建筑行业的面板数据，对我国建筑行业的全要素生产率进行分解和实证研究。研究发现：技术进步成为我国建筑行业 TFP 增长的主要动力，但各地的技术非效率都在不同程度上对 TFP 增长有着负向的冲销，且这种负向冲销作用正在逐渐加大。此外，各区域间由于自身建筑业基础以及技术进步方式的不同，TFP 的具体分解和增长情况各有差异。

关键词： 建筑行业；全要素生产率；随机前沿模型；技术效率；技术进步

一、引言

建筑业作为我国第二产业的重要组成部分，其经济效率、技术效率以及技术进步率直接关乎着整个实体经济的效率。而近年来，作为国民经济中重要的物质生产部门的建筑行业正逐渐进入到了一个自身结构调整的时期。当下我国的建筑行业技术进步率怎样？对技术进步的利用效率又如何？技术进步能否有效地转换到生产当中从而促进经济的增长？这些问题的答案对于明确当前的建筑行业生存状况以及制定今后建筑业发展的规划来说，都是至关重要的。本文就以超越对数随机前沿生产模型入手，对我国自 2000 年至 2011 年以来的建筑行业全要素生产率进行分析，力求给上述问题一个答案，从而为寻找当下我国建筑业的优势和潜在问题提供一些线索和借鉴。

二、文献综述

自从承认了经济中非效率的前沿生产函数（FPF）诞生以来，经济学界对全要素增长率（TFP）的核算便有了新路子：基于经济实际对前沿生产面的距离测算，并摒弃传统的增长核算方程（计算"索罗残差"），从而将生产的非效率从 TFP 核算中剥离出来，进一步澄清技术进步（TA）对全要素生产率的贡献率。基于此思想的方法有参数法（即本文所用的 SFA 方法）和非参数方法（基于 DEA 的指数方法）。此两种方法的运用，成为国内学界研究 TFP 增长的主流。纵观研究的对象，多为三类：其一，借助 SFA 或 DEA 方法进行区域经济的 TFP 核算和实证。此类的重点之一是从全国经济的"大宏观"层面测度全要素增长率对经济增长的贡献率，如有学者对改革开放前后 TFP 增长对经济的贡献率进行分析，由此发现改革开放后 TFP 对经济增长的贡献显著增强，并且郑重地强调 TFP 增长在经济增长中的核心地位（王志刚、龚六堂、陈玉宇，2006）。此外，用随机前沿方法对区域经济增长进行核算——如中国各地区 1990~2006 年间的生产效率与全要素生产率增长率进行分解（周晓艳、韩朝华，2009）——也是区域经济学者的一个重点研究对象。其二，借助 SFA 或 DEA 方法进行行业的 TFP 分析。如基于 DEA 方法的中国服务行业的全要素生产率变动实证研究（杨向阳、徐翔，2004）和对中国钢铁行业全要素生产率的实证研究（陈凯、史红亮，2011）以及对中国银行业前沿效率及其影响因素研究（张健华、王鹏，2009）。其三，借助 SFA 方法进行上市公司的技术效率测算，如针对中小企业板上市公司股权结构、公司治理与企业绩效关系用 SFA 方法进行研究分析（孙建国、胡朝霞，2012），以及对中国电子行业上市公司效率用 SFA 方法进行测算（吴文庆、李双杰，2003）。在对于建筑行业的研究方面，曾有学者基于随机前沿分析技术，考察我国建筑行业上市公司的技术效率状况，并且实证检验和分析第一大股东持股比例及其所有权性质对上市公司技术效率的影响（梁树广，2010）。但相关研究大多是集中于建筑行业上市公司的公司金融层面，而非整个行业研究层面。本文试图从建筑业整体行业的视角出发，用 SFA 方法进一步从行业的"中观"层面研究建筑业的技术效率、技术进步以及 TFP 增长动因等相关问题。

三、研究方法与模型建立

由于传统的增长核算方程在对"索罗残差"解释上关于技术进步对 TFP 增长的贡献率描述得过于粗糙。故在本文的分析中，我们运用参数方法，以省为研究单位，对中国大陆地区各省（直辖市，自治区）建筑行业的全要素生产

率进行进一步的分解研究。该方法的基本思想是：把技术对的全要素生产率的贡献大致分为两个方面。其一，是纯技术进步率的影响（记为 TA，即技术进步）；其二，是技术利用效率的作用（记为 EC，即效率变化）。于是 TFP 就被分解为两个方面，即 TFP=TA+EC。通过这样的分离，我们便可以进一步明确全国各省级行政区建筑行业的全要素生产率的增长到底是由技术进步带来，还是由效率提高所致。

基于以上基本思想，我们选取了随机前沿生产函数模型。该模型最早由 Aigner, Lovell, and Schmidt（1977）、Meeusen and van den Broeck（1977）年提出的，且是用于横截面数据，后来经 Pitt and Lee（1981）、Kumbhakar（1990）、Battese and Coelli（1992，1995）等才逐渐发展为对面板数据使用。相比之下，由于面板数据的自由度相对较多，且允许技术和效率同时随时间变化，故研究适用性更为广泛。

本文的实证分析则是采用超越对数形式的随机前沿模型，以自 2000 年至 2011 年 12 个年份全国（不含港、澳、台）31 个省级行政区的面板数据进行回归。模型的具体形式如下：

$$\ln Y_t = \beta_0 + \beta_1 \ln L + \beta_2 \ln K + \beta_3 (\ln L)^2 + \beta_4 (\ln L)^2 + \beta_5 (\ln L)*(\ln K) + \beta_6 t*\ln L + \beta_7 t*\ln K + \beta_8 t + \beta_9 t^2 + v_t - u_t$$

其中，t 为年份，2001 年为 $t=1$，$t=1, 2, \cdots\cdots, 12$；

Y_t 为第 t 年各省（直辖市、自治区）建筑行业的 GDP 总量；

K_t 为第 t 年各省（直辖市、自治区）建筑行业的实物资本存量；

L_t 为第 t 年各省（直辖市、自治区）建筑行业的劳动人口数；

V_t 为服从经典回归假定的随机误差；

U_t 为描述各省（直辖市、自治区）建筑行业第 t 年的非效率随机变量，且假设其服从：$u_t = \xi e^{-\eta(t-T)}$，此处，$T=12$。同时，ξ 服从非负断尾正态分布。η 是待估计参数，表示技术效率

的变化率。

根据此模型，可用 Frontier4.1 软件进行回归分析。回归结果中即可包含各年份的技术效率 $TE_t = -u_t$。从而根据相邻年份的技术效率 TE 推得效率变化 EC 为：

$$EC = (TE' / TE) - 1$$

而技术进步率，我们通常采用以下步骤：模型（除去残差项和非效率项）对时间求偏导；求得相邻年份不同的偏导数，而后再求二者的几何平均值。之所以用几何平均，是由于技术进步的非中性（Coelli，Rao，and Battase，1998）。所以：

$$TC = (d\ln Y/dt_1)^{0.5} * (d\ln Y/dt_2)^{0.5}$$

最后以二者的加和计算出全要素生产率，即：

$$TFP = EC + TC$$

四、数据处理

（一）建筑业劳动人口数量的确定

由于国家统计局网站的年度数据中有对建筑行业人口的单独统计数据，故本文各省级单位建筑行业劳动人口数量数据全部直接从国家统计局网站上获得，并直接运用自 2000 年至 2011 年的年度数据统计结果作为劳动人口数量（L）的回归分析使用数据。

（二）建筑业实物资本存量的确定

在对资本存量的界定上，由于统计口径、起始年份和折旧率选取的不尽相同，各学者对同一对象的资本存量核算结果也未必一致。但由于建筑行业在我国国民经济中的特殊地位，国家统计局网站上对于建筑行业的资本核算上有着"各地区建筑业企业资产"一项，我们用此项数据近似替代作为各地区年度资本存量的原始数据。

而后，对各地区各年度的资本存量数据作可比价格（以 2000 年为基年）处理。方法是用原始数据除以各地区各年份相对于 2000 年的建筑业相对价格指数。该指数可根据国家统计局网站公布的年度数据的"价格"子目中的"各地区固定资产投资价格指数"做百分比化后累乘得到。特别地，由于 2007 年各地区固投价格指数缺省，我们用该年度的"各地区工业品原材料购进指数"中的"建材类"一项替代。

最后把得到的去除价格因素后的数据，作为实务资本存量（K）的回归分析使用数据。

（三）建筑业总产值的确定

由国家统计局网站年度数据中"建筑业"子目下可直接获得自 2000 年至 2011 年各地区各年度的建筑业产值的原始数据。而后对原始数据进行去价格因素处理。方法是：以 2000 年为基期，除以相对基年的价格指数。而各年的相对价格指数亦可直接从国家统计局网站年度数据"价格"子目中获得。最后把得到的去价格因素后的数据，作为建筑业总产值（Y）的回归分析使用数据。

五、实证结果

运用 FRONTTER 4.1 进行极大似然估计（Coelli，1996），实证结果如表 1 所示。

各省级行政单位建筑业的效率变化 EC 输出结果摘要如表 2 所示（由于篇幅有限，仅列出部分关键年份，若有需要者可向作者索取其他年份数据，后同）。结合模型的回归估计结果，并根据公式计算出各省级单位的技术进步率（TA）以及全要素生产率（TFP），如表 3 所示。将省级行政区按东部、中部、西部进行区域划分，并以三大区域为单位分别计算各年度 EC、TA 和 TFP，结果如表 4 所示。而三大区域的 EC、TA 和 TFP 变化趋势折线图分别如图 1、图 2、图 3 所示。

观察表 1 可知：除 $t*t$ 的系数 β_9 之外，所有的系数在 10% 的置信水平下都是显著的。而大多数系数在 1% 的置信水平下显著，说明模型估计是比较有效的。再者，gamma 值为 0.9896，接近于 1，说明无效率因素扰动占残差的比重非常

随机前沿生产函数最大似然估计结果　　　　　　　　　　表 1

变量	参数	系数	t 统计值
截距	β_0	13. 6978	5.9954***
$\ln L$	β_1	−0.4971	3.7678***
$\ln K$	β_2	0.1289	4.0758***
$\ln L*\ln L$	β_3	−0.0658	2.6827***
$\ln K*\ln K$	β_4	−0.0138	2.7258***
$\ln L*\ln K$	β_5	0.1038	2.8312***
$\ln L*t$	β_6	−0.0177	3.6241***
$\ln K*t$	β_7	0.0256	1.8730*
t	β_8	0.2648	3.0499***
$t*t$	β_9	−0.0009	1.0253
$\sigma_s^2 = \sigma_v^2 + \sigma_u^2$		1.0388	3.4630***
$\gamma = \sigma_u^2 / \sigma_s^2$		0.9896	309.5915***
似然函数对数值		226.8016	

* 表示在 10% 置信水平下显著；** 表示在 5% 置信水平下显著；*** 表示在 1% 置信水平下显著。

大，选用随机前沿模型是恰当的。有了模型估计的参数和模型有效性的保障，便可进一步读取输出结果，求得 EC，及对模型求导从而得到 TA。

观察表 2 可知：此 12 年间，各地的技术效率变化 EC 均为负数，呈现"无效"状态。也即说明，各地的技术利用率的相对低下会使技术进步对全要素生产率的贡献产生一个"抵消"的作用。从总体趋势而言，各地的技术无效率大多呈增加态势（即无效率程度越来越高），但也有少数地区呈现无效率相对平稳的态势（如北京、上海等）。从平均无效率程度来看，各地的技术无效率程度也不尽相同。大体而言，东部经济发达地区的无效率程度远小于经济相对落后的西部地区（如上海、北京的平均无效率程度仅 0.02% 左右，而西藏则高达 1% 以上，青海也接近 1%）。

观察表 3、表 4 可知：总体而言，各地区在样本区内的技术进步（TA 的增加）远超过技术的无效率（TE 的下降），成为全要素生产率增长的主要动力。导致各地 TFP 不同的主要成分也是源于各地的技术进步（TA）的差异。就区域而言，西部地区是技术吸收和技术进步较

快的地区，也是由于技术效率的低下对技术进步冲销相对较多的地区。但前者的力量远超后者，故二者合力的结果是西部的 TFP 增长相对快于中、东部地区（如西藏快于江苏、浙江等）。

观察并比较图 1、图 2、图 3 可得出以下结论：（1）三大区域相比，西部地区的技术进步最快，但效率低下对技术进步的冲销也最多，二者合力作用下，西部的 TFP 增长仍然是最快的。（2）东部地区的技术无效率最低，技术进步和 TFP 增长速度仅次于西部。对此可能的解释是：东部地区工业项目发达，与中西部地区相比是典型的"资本密集型"区域。故建筑业发展程度较高，资本的边际报酬也相对较低。从而造成的影响是：有着较为扎实的底子和技术消化吸收能力，但技术进步的空间不及"起点低"的地区。（3）中部地区技术进步最慢，技术无效率程度仅次于西部，故 TFP 增长落后于东部和西部。（4）全国各地区的技术无效率有增大趋势（无效率数值的绝对值增加），而技术进步却呈现下降趋势，二者共同的变动对 TFP 增加均很不利，使得各地的全要素生产率均呈现下降趋势。

部分年份建筑业技术效率变化 EC 省际摘要　　　　表2

城市	区域	2001	2003	2005	2007	2009	2011	所有年份平均
北京	东部	−0.02%	−0.02%	−0.02%	−0.02%	−0.02%	−0.02%	−0.02%
天津	东部	−0.17%	−0.17%	−0.17%	−0.18%	−0.18%	−0.18%	−0.18%
河北	中部	−0.38%	−0.39%	−0.39%	−0.40%	−0.40%	−0.40%	−0.39%
山西	西部	−0.46%	−0.46%	−0.47%	−0.48%	−0.48%	−0.49%	−0.47%
内蒙古	西部	−0.63%	−0.64%	−0.64%	−0.65%	−0.66%	−0.67%	−0.65%
辽宁	东部	−0.24%	−0.24%	−0.24%	−0.25%	−0.25%	−0.25%	−0.25%
吉林	东部	−0.46%	−0.47%	−0.47%	−0.48%	−0.49%	−0.49%	−0.48%
黑龙江	东部	−0.41%	−0.42%	−0.42%	−0.43%	−0.43%	−0.44%	−0.43%
上海	东部	−0.02%	−0.02%	−0.02%	−0.02%	−0.02%	−0.02%	−0.02%
江苏	东部	−0.08%	−0.08%	−0.08%	−0.08%	−0.08%	−0.08%	−0.08%
浙江	东部	−0.02%	−0.02%	−0.02%	−0.02%	−0.03%	−0.03%	−0.02%
安徽	中部	−0.49%	−0.50%	−0.50%	−0.51%	−0.51%	−0.52%	−0.50%
福建	东部	−0.42%	−0.42%	−0.43%	−0.43%	−0.44%	−0.44%	−0.43%
江西	中部	−0.61%	−0.61%	−0.62%	−0.63%	−0.64%	−0.64%	−0.62%
山东	东部	−0.32%	−0.32%	−0.33%	−0.33%	−0.33%	−0.34%	−0.33%
河南	中部	−0.47%	−0.47%	−0.48%	−0.48%	−0.49%	−0.49%	−0.48%
湖北	中部	−0.35%	−0.36%	−0.36%	−0.37%	−0.37%	−0.37%	−0.36%
湖南	中部	−0.40%	−0.41%	−0.41%	−0.41%	−0.42%	−0.42%	−0.41%
广东	东部	−0.26%	−0.26%	−0.26%	−0.26%	−0.27%	−0.27%	−0.26%
广西	西部	−1.39%	−0.71%	−0.71%	−0.72%	−0.73%	−0.74%	−0.72%
海南	东部	−1.09%	−1.10%	−1.11%	−1.13%	−1.14%	−1.15%	−1.12%
重庆	西部	−0.50%	−0.51%	−0.51%	−0.52%	−0.53%	−0.53%	−0.52%
四川	西部	−0.41%	−0.41%	−0.42%	−0.42%	−0.43%	−0.43%	−0.42%
贵州	西部	−0.82%	−0.83%	−0.84%	−0.85%	−0.86%	−0.87%	−0.84%
云南	西部	−0.62%	−0.63%	−0.64%	−0.65%	−0.65%	−0.66%	−0.64%
西藏	西部	−1.13%	−1.15%	−1.16%	−1.17%	−1.19%	−1.20%	−1.17%
陕西	西部	−0.40%	−0.40%	−0.41%	−0.41%	−0.42%	−0.42%	−0.41%
甘肃	西部	−0.79%	−0.80%	−0.81%	−0.82%	−0.83%	−0.84%	−0.81%
青海	西部	−0.91%	−0.92%	−0.93%	−0.94%	−0.95%	−0.96%	−0.94%
宁夏	西部	−0.83%	−0.84%	−0.85%	−0.86%	−0.87%	−0.88%	−0.86%
新疆	西部	−0.44%	−0.44%	−0.45%	−0.45%	−0.46%	−0.46%	−0.45%
全国		−0.36%	−0.36%	−0.36%	−0.36%	−0.37%	−0.37%	−0.36%

六、结果分析和建议

针对以上实证结果，我们逐一分析：

1、西部地区

就西部地区而言，全要素生产率分解的结果呈现出"技术进步快"和"技术效率低"两大特点。对此，可能的解释是：此乃"底子薄"

和"外部性"共同作用的结果。

首先，所谓"外部性"着重强调的是西部地区建筑业技术进步的主要方式：是对中东部技术转移的"吸收"而非西部地区的"自主创造"。在这样一种"技术外溢"和"技术扩散"的正外部性条件下，技术复制和获得几乎是无成本的。这也使得西部地区可以很轻易地获得

重点年份建筑业技术进步率及 TFP 增长率摘要

表3

城市	2001		2006		2011		所有年份平均	
	TA	TFP	TA	TFP	TA	TFP	TA	TFP
北京	15.15%	15.13%	15.20%	15.18%	15.87%	15.85%	15.47%	15.45%
天津	16.38%	16.21%	15.91%	15.74%	15.70%	15.52%	15.90%	15.73%
河北	13.91%	13.52%	13.66%	13.27%	13.57%	13.17%	13.72%	13.33%
山西	15.26%	14.80%	14.74%	14.27%	14.54%	14.05%	14.78%	14.31%
内蒙古	15.47%	14.84%	15.46%	14.82%	15.03%	14.36%	15.01%	14.36%
辽宁	13.97%	13.73%	14.04%	13.79%	13.25%	13.00%	13.87%	13.62%
吉林	15.49%	15.03%	15.31%	14.83%	15.21%	14.72%	15.41%	14.93%
黑龙江	14.97%	14.56%	15.12%	14.70%	14.75%	14.31%	14.85%	14.42%
上海	15.88%	15.85%	14.82%	14.80%	14.54%	14.52%	15.09%	15.07%
江苏	12.86%	12.78%	12.19%	12.11%	11.42%	11.34%	12.19%	12.11%
浙江	13.12%	13.09%	12.23%	12.20%	11.50%	11.47%	12.29%	12.27%
安徽	13.93%	13.44%	13.58%	13.08%	13.07%	12.55%	13.55%	13.05%
福建	15.14%	14.72%	14.21%	13.78%	12.86%	12.41%	14.13%	13.70%
江西	15.17%	14.56%	14.23%	13.61%	13.73%	13.09%	14.36%	13.73%
山东	13.04%	12.72%	12.60%	12.28%	12.49%	12.15%	12.74%	12.41%
河南	13.90%	13.43%	13.27%	12.79%	12.60%	12.11%	13.29%	12.81%
湖北	14.07%	13.71%	13.63%	13.26%	13.56%	13.18%	13.75%	13.39%
湖南	13.82%	13.42%	13.33%	12.92%	13.36%	12.94%	13.43%	13.02%
广东	13.82%	13.56%	13.43%	13.17%	13.37%	13.10%	13.55%	13.28%
广西	15.38%	13.98%	14.80%	14.09%	14.32%	13.58%	14.91%	14.19%
海南	17.30%	16.21%	16.95%	15.83%	16.73%	15.57%	16.92%	15.80%
重庆	13.87%	13.37%	13.89%	13.38%	13.36%	12.83%	13.76%	13.24%
四川	12.93%	12.53%	12.97%	12.55%	12.44%	12.01%	12.77%	12.35%
贵州	15.57%	14.76%	15.24%	14.39%	15.17%	14.31%	15.32%	14.47%
云南	14.42%	13.80%	14.45%	13.81%	14.38%	13.72%	14.47%	13.83%
西藏	18.61%	17.48%	17.97%	16.81%	17.59%	16.39%	18.03%	16.86%
陕西	14.94%	14.54%	14.86%	14.45%	14.04%	13.61%	14.62%	14.20%
甘肃	15.01%	14.22%	14.67%	13.86%	14.55%	13.71%	14.71%	13.89%
青海	16.88%	15.97%	16.88%	15.94%	16.96%	15.99%	16.90%	15.96%
宁夏	16.98%	16.14%	17.36%	16.51%	16.93%	16.04%	17.16%	16.30%
新疆	15.88%	15.44%	16.20%	15.75%	15.86%	15.40%	16.05%	15.60%
全国	14.94%	14.58%	14.62%	14.26%	14.28%	13.91%	14.61%	14.25%

比中东部靠"创造力"而得到的技术进步，从而造就其较高的技术进步率，并使得其在 TFP 增长上领跑全国。近年来的"西部大开发战略"又以政策引导的形式进一步加大了这样一种外部性，从而使得西部的技术进步贡献更加凸显。

其次，所谓"底子薄"指的是西部地区建筑业积累较少，基础相对薄弱。正由于此，一方面造就着西部建筑业更方便吸纳和接受技术的输入，使得"技术进步快"，另一方面也制约着西部地区建筑业对输入技术的吸收和消化能力，从而导致了比中东部地区更高的技术无效率，造成"技术效率低"。当然，前者仍是当下的主流。不过从实证结果看，西部的技术无效率对技术进步的冲销效应正日益加强。因

分区域建筑业技术效率变化、技术进步及 TFP 增长率　　　　　表4

	2001 年			2002 年		
	EC	TA	TFP	EC	TA	TFP
东部	−0.3%	14.8%	14.5%	−0.3%	14.6%	14.4%
中部	−0.4%	14.4%	13.9%	−0.5%	14.2%	13.8%
西部	−0.7%	15.5%	14.8%	−0.6%	15.4%	14.8%
	2003 年			2004 年		
	EC	TA	TFP	EC	TA	TFP
东部	−0.3%	14.6%	14.3%	−0.3%	14.8%	14.5%
中部	−0.5%	14.1%	13.7%	−0.5%	14.3%	13.8%
西部	−0.7%	15.4%	14.7%	−0.7%	15.3%	14.7%
	2005 年			2006 年		
	EC	TA	TFP	EC	TA	TFP
东部	−0.3%	14.6%	14.3%	−0.3%	14.3%	14.0%
中部	−0.5%	14.2%	13.7%	−0.5%	13.9%	13.4%
西部	−0.7%	15.3%	14.7%	−0.7%	15.3%	14.7%
	2007 年			2008 年		
	EC	TA	TFP	EC	TA	TFP
东部	−0.3%	14.3%	14.0%	−0.3%	14.2%	13.9%
中部	−0.5%	13.8%	13.3%	−0.5%	13.7%	13.2%
西部	−0.7%	15.3%	14.6%	−0.7%	15.2%	14.5%
	2009 年			2010 年		
	EC	TA	TFP	EC	TA	TFP
东部	−0.3%	14.0%	13.7%	−0.3%	13.9%	13.6%
中部	−0.5%	13.5%	13.1%	−0.5%	13.4%	12.9%
西部	−0.7%	15.1%	14.4%	−0.7%	15.0%	14.3%
	2011 年			平均		
	EC	TA	TFP	EC	TA	TFP
东部	−0.3%	14.0%	13.7%	−0.3%	14.4%	14.1%
中部	−0.5%	13.5%	13.0%	−0.5%	13.9%	13.4%
西部	−0.7%	15.0%	14.3%	−0.7%	15.3%	14.6%

此，巩固西部地区自身建筑业的技术承载和自主创新能力，减少技术无效率对"输入型技术进步"的冲销，无疑是势在必行的。

2、东部地区

就东部而言，全要素生产率呈现着"技术进步相对缓慢"和"技术效率相对较高"的两大特点。依旧沿着对西部分析的思路，这也与该地区技术进步方式和建筑行业积累有关。

首先，东部地区作为全国经济最发达的地区，在前沿技术的生产、创造和消费上都领跑全国。故不同于西部的"输入型技术进步"，东部地区的技术进步多是以自主创新为主要特征的"内生型技术进步"。但随着东部地区建筑业的发展程度越发加快，建筑行业的资本边际报酬的不断递减，"技术内生"和"技术自主创造"的难度也不断加大，因此造成其与西部地区相比"技术进步相对缓慢"的特征。

其次，也正是由于东部地区的经济发达程度高，社会的建筑需求大，建筑业基础好，积累充足，其对技术进步的吸收消化能力也比较

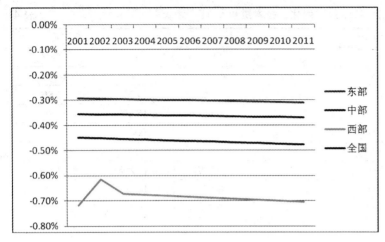

图1　分区域建筑业技术效率变化折线图

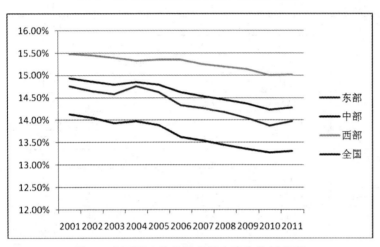

图2　分区域建筑业技术进步率变化折线图

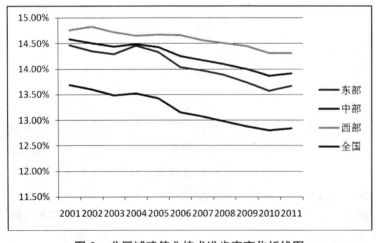

图2　分区域建筑业技术进步率变化折线图

强，"技术无效率"程度最低（如北京、上海近几年平均只有0.02%的技术无效率）。这也

是其比之于中西部地区的优势所在。

3、中部地区

中部地区兼有东部、西部的特点，但却处于"技术进步慢"和"技术效率不高"的相对艰难的境地。造成如此局面的原因一方面是由于该地区缺少像东部地区那样的极度活跃的市场，从而刺激产生的"内生型技术进步"，也不像西部那样有着丰厚资源和良好政策的支持，获得"输入型技术进步"，从而导致其"两边不就"的局面。而另一方面，中部地区同西部地区一样，面临着自身技术承载力的低下和建筑业底子的薄弱。故技术的非效率表现得也很明显。

我们认为，建筑业"中部塌陷"和"中部困境"的实质是经济和产业转型时的困境。现今的中部正在走出西部的"输入型技术进步"的历史阶段，从而逐渐摆脱对"正外部性"的依赖，但另一方面却又没有到达东部地区所处的"内生型技术进步"的历史阶段，因此兼有"技术进步不及"和"技术效率不济"的双重难题。对此，加快经济增长方式转变和产业结构调整，激发区域自身的自主创新活力，无疑是一个走出"困境"的一个重要思路。

4、全国

就全国而言，技术进步成为各地区建筑行业TFP增长的主要动力。但与此同时，技术进步的贡献力正在逐渐减小，而技术无效率对TFP的负向影响正在逐渐加强，这一点对全国所有地区皆是如此。所幸的是，全国各地建筑行业的技术进步率在数值上都远大于技术的非效率。但无论何时何地，坚持转变经济发展方式，以经济活力促进技术的内生性创造，以市场的指令带动技术的输入型传播，以"底子"的增强减少技术的非效率的总体思路是不应改变的，这对于目前的建筑行业显得尤为重要。

七、结论

本文用超越对数随机前沿模型，以自2000年至2011年12年间中国大陆地区31个省级行政区的面板数据，对我国建筑行业的全要素生产率进行了分解和实证研究。研究发现：样本时段内，技术进步成为使得我国各地区全要素生产率增长的主要动力，但与此同时，各地区不同程度的技术无效率对TFP的增长有着负向的冲销。从区域间的比较来看，西部地区建筑业的技术进步最快，但技术的无效率也最高，这是由于其"输入型技术进步"（外部性）和"底子薄"共同作用的结果；东部地区的技术进步速度紧随西部，但技术的无效率最低，这在某种程度上反映着东部地区建筑业"内生型技术进步"速度的减缓和建筑业积累的丰厚；中部地区由于处于经济结构转型期间，既无足够的"内生型技术进步"支持，也少了从前的"输入型技术进步"的帮助，加之建筑业积累亦有所欠，故有着相对最低的技术进步率和较高的技术非效率。就全国而言，技术进步对建筑行业TFP增长的正向促进作用正在逐渐减小，而技术非效率对于TFP增长的负向作用却在逐渐增加。因此，一方面试图激发市场活力促进各地区的"内生型技术进步"和建筑业转型，从而使得TA有所提高；另一方面强化建筑行业的资本积累，强化"底子"对技术进步的吸收消化能力，从而使得技术非效率的EC的负向作用

有所下降，解决该问题对于建筑业的发展是非常重要的。

参考文献

[1] 李京文，钟学义.中国生产率分析前沿 [M].北京：中国社会科学文献出版社，1998.

[2] 梁树广.我国建筑行业上市公司技术效率的随机前沿分析 [J].科学决策 2010（05）.

[3] 周晓艳，韩朝华.中国各地区生产效率与全要素生产率增长率分解 (1990-2006) [J].南开经济研究，2009（05）.

[4] 郭庆旺，贾俊雪.中国全要素生产率的估算 [J].经济研究，2005（06）.

[5] 陈凯，史红亮.我国钢铁行业全要素能源效率实证分析——基于省际面板数据 [J].经济问题，2011（09）.

[6] 孙建国，胡朝霞.中小企业板上市公司股权结构、公司治理与企业绩效：基于随机前沿生产函数的分析 [J].投资研究，2012（01）.

[7] 王志刚，龚六堂，陈玉宇.地区间生产效率与全要素生产率增长率分解（1978-1993）[J].中国社会科学，2006（02）.

[8] 吴文庆，李双杰.中国电子行业上市公司效率的随机前沿分析 [J].数量经济技术经济研究，2003（01）.

[9] 张健华，王鹏.中国银行业前沿效率及其影响因素研究——基于随机前沿的距离函数模型 [J].金融研究，2009（12）.

[10] 杨向阳，徐翔.中国服务业全要素生产率变动的实证分析——基于非参数 Malmquist 指数方法 [J].经济学家，2006（03）.

[11] Haughton，McKinnon. The Measurement of Productive Efficiency[J].Journal of Royal Statistics Society. 1994.

[15] Fleisher，Chen. New Capital Estimate for China[J]. China Econo.

从员工福利看中德企业的社会责任差异

熊 双 张娅萍

(对外经济贸易大学，北京 100029)

一、引言

近年来，一些中国企业对于金钱的追求似乎是有过之而无不及，为了利润的最大化，他们可以不择手段，腐败、贿赂、弄虚作假等非法手段屡见不鲜。食品安全问题层出不穷：三聚氰胺事件、爆炸西瓜事故、地沟油事件、瘦肉精事件、明胶事件、毒胶囊事件等充斥着我们的眼球。制造假账的事件也比比皆是："银广厦"事件、"蓝田"事件、"琼民源"事件等。私企、个企侵犯员工权益的态势更是愈演愈烈，2012年，全国各级劳动保障监察机构共办理拖欠工资案件21.8万件，较上年增长7.5%。企业似乎早就把企业社会责任远远地抛在脑后，坚持认为企业社会责任是一种"奢侈品"，而并非"必需品"。

与德国企业相比，中国企业在环境保护、员工福利、产品、社区关系等方面所承担的责任可谓微乎其微，尤其是在处理员工问题上存在天壤之别，不管是在员工的物质关怀还是精神关怀上。中国部分企业出现的劳工伤残、拖欠农民工工资、员工劳累猝死等问题屡见不鲜，究其原因，一方面由于制度的不健全，一些企业的机会主义行为倾向恶性膨胀，唯利是图，从而导致放纵不负责任的行为；另一方面由于

传统文化积弊较深、价值观念冲突等原因，企业和公众普遍尚未树立起新的正确的财富观，对企业应承担的社会责任缺乏正确而清醒的认识。而德国企业却意识到应该不仅关注眼前的利润，还应放眼未来，包括未来的各种无形资产和有形资产，真正的财富绝不仅仅是金钱，而是一种属于全社会的东西，这种财富不仅仅属于社会的今天，也属于社会的明天和后天。

二、从员工待遇看中德两国的企业社会责任差异

博世是德国最大的工业企业之一，从事汽车技术、工业技术、消费品及建筑技术等产业，在世界汽车业中拥有举足轻重的地位，可以说"没有博世就没有现代汽车业"。2012年博世公司在全球前500强中排名第110位。博世公司成功的基因到底是什么呢？和众多中国企业不同的是，博世的目标并不是实现利润的最大化，这从来都不是他们的目标，他们只需必要的盈利来保证可以继续投资，确保企业的长远发展。同时，博世把自己当作"企业公民"，在承担最基本的法律责任和道德责任的同时，也承担了更高层次的社会责任。

下面，我们将以博世公司作为德国企业代表从员工福利方面来比较中德两国在承担企业

社会责任方面的不同。

（一）员工的工资待遇

工资是员工在选择工作时最先考虑的重要因素，也是决定一份工作给员工带来满意程度的主要因素。根据马斯洛需求层次理论可知，个人发展的内在力量是动机，而动机是由不同性质的需要组成，各种需求之间，有先后顺序与高低层次之分。而工资正是属于最低层次的"生理需求"层次，这是最原始、最基本的不可替代的、处于最底层的需要。

博世工厂的工人隶属于钢铁公会，而钢铁公会的工资在德国是最高的。在德国企业中工资最高的员工不是管理层，而是工厂工人，即使董事会成员的工资也比他们低两级。

相反，中国可以称得上是全球劳动力最低廉的国家之一。2012年联合国国际劳工组织对全球72个国家和地区的人均月收入做了最新统计。这些国家和地区的人均月收入是1480美元，约合人民币9327元。其中，中国员工的月平均工资为656美元，约合人民币4134元，位列所调查72个国家和地区的第57位，不到世界月平均工资50%。此外，就目前中国的大体趋势来看，普通劳动者工资涨幅小于物价，使普通民众手中的实际工资减少。

因此，中国企业家应当尽可能地提高工人们的工资待遇，为工人们提供必要的福利，是改善工人们生活的必要举措，是激发个人劳动积极性的有效措施，更是企业担负社会责任最重要的一环。不仅如此，公平问题在人们心中的影响不容忽视，企业还得注重员工的收入公平问题。要建立公平的薪酬激励制度，应当做到以下两点：

1.建立企业内部公平的薪酬体系

从企业内部看，员工关心薪酬差别的程度高于关于薪酬水平。若员工得不到公平的薪酬激励，必将影响到他们的工作热情和工作效率。要实现薪酬的对内评估，必须合理地确定企业内部不同岗位的相对价值，做好岗位评价，并根据劳动付出的相对多少合理公平地发放薪酬。

2.采用与业绩相挂钩的薪酬体系

有竞争力的薪酬制度才能培养有竞争力的优秀职工，薪酬与业绩相挂钩，可以作为一种强有力的杠杆，推动员工个人和组织整体绩效的提升。

（二）员工的培训

企业员工培训，主要指对员工的业务能力培训，不仅能提高员工的技能，有助于员工未来的职业发展，还能促进企业组织效率的提高和组织目标的实现，可谓是"双赢"。

博世似乎意识到了这一点，几十年前它就引入了"双元制教育"的战略，他们会花三年时间从理论和实践两方面培养蓝领工人，而中国的企业家则持有截然不同的态度，他们会觉得招一个蓝领工人培训半天时间就可以让他们去工作了。在中国企业家看来，蓝领工人的工作无非是一系列非常简单、非常机械的操作，无需任何技术水平，甚至是完全可替代的，他们不愿意去花大量成本去提高所谓的"高技能"蓝领工人。这种截然不同的态度带来的结果也是相差甚远的，基于这点我们不难理解为什么中国很多产品在功能上是有的，但是在性能上比德国同类产品差很多，竞争力远远不如德国产品，问题原因是差在车间，而不是差在实验室里。中国企业没有意识到一个产品的质量很大程度上取决于职工的工艺水平，一个同样的零部件，不同的职工来加工，不同的职工来组装，最后的产品的质量是不一样的。拿手机为例，中国品牌手机在功能上可以说是令人喜出望外、强大无比，可是从低廉的价格和顾客的认可度上就可以看出市场竞争力远远不如国外的知名品牌，其中很大原因就是不注重手机性能只关注手机功能，不注重对职工技能的培养而只关注短时的利益。

根据有关统计资料表明，对员工培训每投

资 1 美元可以创造 50 美元的收益。我们不能只关注短期的投资成本上，还应放眼于长期的投资效益上。可以说，是德国产品的质量保证了德国产品在世界市场的地位，而这种质量是由双元制制度提供保证的。在当今社会，产品要靠质量说话，数量的堆积不能产生质的飞跃，如果中国产品想要走向世界，这种制度非常值得我们借鉴。如果让员工在钱袋满的基础上，同时确保员工的脑袋满，这样"两袋投入"的一种投资项目必定会给企业带来丰厚的回报。

（三）裁员和失业人员安置问题

在经济不景气或者行业竞争激烈的情况下，企业总会想尽各种方法来削减成本，但在这样的困难时期，公司是否把裁员当作削减成本的首要措施以及对被裁员工的具体补贴措施反映了一个企业的社会责任感。

2009 年是博世公司历史上最困难的一年。公司预计，受金融危机对全球汽车业的影响，全年销售额出现 15% 的下滑，并出现二战结束后的首次亏损。总裁菲润巴赫表示，为应对全球金融危机，博世公司已将部分工人的工作时间缩短至每周 5 小时，公司尽力不裁员，但将针对亏损和产能过剩的部门进行结构性调整，并广泛实行节省开支措施。这种用减少工作时间来替代裁员的办法体现了博世作为一名"企业公民"的企业社会责任。在这方面，不仅仅是博世一家公司做得比较好，还几乎包括所有德国企业。因为在德国，企业单方解除劳动合同除了要遵循解约预告期的规定外，还要受到法律的约束以及禁止解除劳动合同的约定的约束。

中国在有关裁员的相关法律规定上，可以说还是一张白纸。2012 年摩托罗拉在中国大力强制裁员虽然和美国企业缺乏企业社会责任息息相关，但是也是中国法律的空白给摩托罗拉把全球裁员人数的 1/4 放在中国创造了机会。中国成为了裁员的重点地区，这直接导致了中国 1000 多名的员工失业，这众多失业人员的安置问题因为没有法律的保护而得不到实质性的落实。

为了避免大规模裁员以及对失业人员不妥的安置给社会造成动荡，确保职工利益受到保障，中国政府应该健全相关方面的法律规定。同时，企业裁员时应该注重必要的"员工关怀"，体现更多的人性化，尽最大的努力为被裁员工提供了再就业服务。可以请人力资源培训机构，为员工提供商务课程等强化培训和咨询，帮助员工提升就业能力，为离职员工的创业计划提供扶持资金，请第三方的创业评估机构，为员工对创业方向进行把关。

（四）员工的工作环境

一个适宜、安全、和谐、愉快的工作环境，是每一个员工都梦寐以求的，也是促使员工积极工作的条件之一。工作环境又分为硬环境和软环境，所谓硬环境，是指由传播活动所需要的那些物质条件、有形条件之和构筑而成的环境。所谓软环境，是指由传播活动所需要的那些非物质条件、无形条件之和构筑而成的环境。就存在形式来说，硬环境是一种物质环境，软环境是一种精神环境。工作环境的好坏影响着员工的敬业度和工作效率。工作环境好，员工一般会为实现目标、提高销售业绩或客户满意度而竭尽所能，不惜做出额外牺牲。而工作环境差，会导致员工流失、旷工、不满情绪上升或工作效率下降等。

2011 年在由欧洲工作环境研究所 (Great-Place-to-Work-Institut) 举办的"2011 最佳雇主评选"中，有 27 家德国企业获奖，遥遥领先于欧洲其他国家，德国企业被评为欧洲最佳雇主。究其根源，并非因为德国企业获利多少，而是因为德国企业都尽力给员工提供最好的工作环境，使员工能够以尽可能好的心情展开高效率的工作。反观中国企业，将员工的工作环境作为重要考虑因素的企业寥寥可数，这是值得我们反思的。

（五）合理的假期

世界各国因为历史文化的不同、社会性质的差异等原因，对法定节假日的安排也不尽相同。周末为德国法定休息日，晚上和周末的商店均不营业，德国工人现今每周工作时间为37.5至38小时，国家颁布各种各样的法律，严格限制工厂的工作时间，许多工厂到下午5时就全部停产，很少甚至不会出现法定节假日仍然加班加点的情况，这是德国法律对于劳动者的保护措施，可是上述情况在中国却是极为普遍。这并不是德国不注重经济，完全不在乎利润，而是他们更关心员工的生活质量，将员工的生活当成一件大事来对待。

除了节假日的安排，每天工作时间和休息时间的安排也十分重要。"三班倒"的工作制度在全球都是存在的，但是在中国尤为普遍。在正顺序倒班法情况下，夜班倒早班的工人要连续工作16小时；在逆顺序倒班法情况下，夜班倒中班与早班倒夜班的工人都只能休息8小时。这么短的休息时间很难保证员工的必要的生活时间和休息时间，这会给员工的身心健康带来严重的危害。

一天的24小时可以分为工作时间和闲暇时间，工作时间分配得过多，员工整体会处于疲惫不堪的状态，导致精神恍惚，直接影响了身心健康；闲暇时间过多，整体无所事事，浑

浑噩噩，苦于无钱生活而处于闷闷不乐、郁郁寡欢的状态，影响生理和心理健康。

那么，如何合理的安排工作时间和闲暇时间的辩证关系，提高工作效用和生活效用呢？假设员工的满意程度可以用效用函数 u 来表示 $U=f(i, q)$，i 表示工作时间，q 表示闲暇时间，时间约束用 h 表示，$h=i+q$。此处 $h=24$。

由图1可知，当效用曲线和工作时间 i 直线相切时，员工的效用最大，即满意程度最大，此时的工作时间为 i_0，闲暇时间为 h_0。由经验知，$i_0 \approx 8$。当 $i>i_0$，或 $i<i_0$，员工的效用都会降低，当员工对一份工作的满意程度降低时，效率就会降低，从企业角度看，也是不利的。

企业对于员工的责任还包括员工的福利、员工伤残补贴、员工的情感需求、员工的心理健康等方面。别把眼睛死死盯着财务报表不放，那都是过去式，不能再做任何改变，真正决定企业未来发展的是员工，对于企业来说，人是最有价值的资产，人不仅仅是劳动者，而且是中国急需的知识资本。

三、成本效益分析

对于一个企业来说，对员工的负责不仅是履行了企业的社会责任这一义务，同时也是一项有回报的投资。

不管是优化员工的工资、提高工作环境，还是对员工进行培训，提供合理的假期，这些都是对员工的一种投资。然而一个投资项目，我们不仅要看到它短期内的成本代价，而也应看到长期带来的社会效益，通过成本效益分析才能判断这样的投资是否值得。中国的很多企业往往只看到眼前的现金流出，即使考虑过未来带来的效益，也只是看到短期效益，而未用长远的目标来分析。我们不妨用数学分析方法来分析企业的效益。

设对员工的投资项目给企业带来的效益为 B_t，边际成本为 C_t，则第 t 年的净收益 $R_t=B_t-$

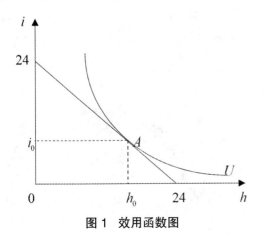

图1 效用函数图

C_t，设 r 为利息率，持续时间为 N，则它的净收益总值为：

$$PDV = R_0 + \frac{R_1}{(1+r)} + \frac{R_2}{(1+r)^2} + \cdots + \frac{R_t}{(1+r)^t} + \cdots + \frac{R_N}{(1+r)^N}$$

$$R_t = B_t - C_t (t = 0, 1, \cdots t, \cdots N)$$

如果企业增强员工的福利，那么在承担企业社会责任付出成本的同时也得到了可观的社会效益。企业的成本 C 包含：薪酬费用、培训费用、主营外成本。效益 B 包含：员工工作效率的提高、员工流失的减少、员工的忠诚度提高、产品质量的增加、企业声誉的提高。

如果 $PDV > 0$，则表明企业的价值增加，对员工的投资在经济效益上是可行的；如果 $PDV < 0$，则表明企业的价值减少，对员工的投资在经济效益上是不可行的。通过各种案例的实践证明，PDV 是远远大于 0 的。说明企业在对员工负责、承担企业责任的同时，也给企业带来了正效益。中国企业如果能够意识到这一点，中国的企业、工人、社会都将受益，这不是零和博弈，而是互利共赢的良性循环。

四、加强中国企业社会责任感的渠道

一个国家的企业社会责任感是不一样的，这由历史、文化、观念、经济条件等基本国情决定，如同中国和德国有巨大差异。德国企业在履行社会责任感方面的做法和经验给了我们很大的启示，中国需要以此为鉴。

（1）加强企业社会责任信息的披露，并将员工信息制定为强制披露项目。目前中国企业对其社会责任信息的披露很少，并且只披露有利于企业塑造其正面形象的信息，而对于存在不足或未采取有效措施的部分，则采取避而不谈的态度。将企业社会责任信息作为财务报表披露的一部分内容可以有助于企业更好地承担企业社会责任，并且保证员工的利益不受损害。

（2）加强对企业社会责任信息披露信息的审计。借鉴德国经验，防止企业信息作假的嫌疑，保证信息真实可靠，这样不仅可以督促企业尽到必要的"社会责任"，还能增加公众利益相关者对企业的信任度。

（3）中国工会去行政化。中国工会最大的一个特征就是官民二重性，并不是工人自发组成的"独立工会"。去行政化的工会才能真正代表工人的声音，在维护工人的利益上做到实质性的帮助。

通过中德企业对比，我们可以发现中国企业在承担社会责任方面做得远远不够，其中主要包括：员工的工薪待遇、对员工的培训、裁员问题、工作环境以及工作时间问题。中国企业应当意识到的是，如果企业能够从员工的角度出发，提高各项福利标准，不仅仅是承担社会责任的表现，更有助于树立企业社会形象，从长远角度来看，为公司带来更多的利益。当然，也需要全社会的共同监督，法律法规的不断完善，共同促进企业社会责任感的提升。⑤

参考文献

[1] 沈洪涛，金婷婷. 我国上市公司社会责任信息披露的现状分析 [J]. 审计与经济研究，2006，21(03).

[2] Ernst& Ernst. Social responsibility disclosure[M]. Cleveland:Ernst& Ernst, 1971-1976.

[3] 毛洪涛，张正勇. 我国企业社会责任信息披露的现状分析及对策思考 [J]. 会计之友，2010(02).

[4] 史探径. 中国工会的历史、现状及有关问题探讨 [J]. 环球法律评论，2002(02).

中国跨境第三方支付平台现状分析

陈 旭

（对外经济贸易大学国际经贸学院，北京 100029)

一、中国跨境第三方支付平台行业现状

电子商务被马云、刘强东等业内著名人士称为未来商业的发展方向。网络经济研究机构艾瑞咨询 2013 年 1 月公布的数据显示，2012 年中国电子商务市场总交易规模达到 8.1 万亿元，约占当年 GDP 的 15.59%；而网购总人数，根据中国电子商务研究中心报道，在同期达到了 2.2 亿。

而当蓬勃的电子商务发展到跨境交易的阶段时，就形成了所谓的海购（指通过网络购买海外商品，是进口）和外贸电子商务（指通过网络向海外购物者销售，是出口）。尤其是海购在近年来增速较快，在国际贸易普遍低迷情况下逆势发展。中国电子商务研究中心 2013 年 2 月数据显示，中国海外代购市场交易规模在 2012 年达到 483 亿，较 2011 年同比增长 82.3%，预计 2013 年仍将平稳增长，突破 700 亿。虽然 2012 年中国海购进口相对值仍较小，尚达不到中国海关统计的 2012 进口总额的 0.5%，但其绝对值已十分可观，且在未来几年的增长势头很难预料，表现出新型跨境贸易模式的旺盛活力。

随着海购总额的逐年上升，提供跨境支付服务的市场也在年年扩大。在跨境网上购物中，通过邮寄支票或电子汇款直接向卖家支付货款相对手续繁琐，存在额外费用，并伴有信用风险。因而跨境的第三方支付平台应运而生。它充当交易双方货款交割的中间人，解决了上述问题，使跨境收付款方便、快捷而安全，成为海购者付款方式的首选。然而，只要对这一新兴市场内的电子金融业务动态进行初步研究，就能够发现，第三方支付服务的主要提供商只有一家，即美国 eBay 公司的全资子公司 PayPal——一家以网络服务商身份提供跨境支付清算业务的机构。

2012 年的公开报道[①]显示，该公司开创的 PayPal 国际平台在中国跨境支付方面拥有支配性市场份额。该报道称，作为国内最大的跨境支付商，2011 年 PayPal 在大中华区经营的总支付金额超过 44 亿美元（同期约合 273 亿人民币——笔者注），较 2010 年增长 70%。如果与同期中国大陆海购 265 亿元人民币的总额相比，就可看出 PayPal 在中国跨境第三方支付行业中的支配性市场份额。同篇报道中，中国电子商务研究中心分析师莫岱青也表示，虽然尚无直接统计数据，但相比刚开始涉及跨境支付的国内企业，PayPal 在跨境支付市场中的占有率确实最高。

---

① 详见《国内第三方支付发力跨境业务》，李志豹，《电子商务》2012 年 01 期。

截至 2012 年，PayPal 平台拥有超过 1 亿活跃用户，支付业务遍及全世界 190 个国家和地区，数百万家中国境外店铺，支持 20 多种货币交易[①]；而同期，国内第三方支付的领军平台支付宝，仅支持全球 34 个国家和地区，600 多家境外商家，10 余种海外货币结算。

在跨境第三方支付这一新兴市场上，美国的网络服务商 PayPal 拥有高度发达的全球渠道，建立了较有影响力的品牌，聚集了一大批活跃用户，占据了支配性的市场份额，并有可能在长期内随着市场的增长而扩大规模。然而占据了支配性市场份额的 PayPal 平台，对中国的金融秩序及商业利益也会产生潜在威胁。

二、PayPal 支配性市场份额下的阴影

从跨境第三方支付服务市场的现状来看，PayPal 国际平台拥有支配性市场份额。然而，PayPal 国际平台对中国的金融秩序与商业利益存在至少四方面的潜在威胁。第一，PayPal 平台依赖自身在跨境支付市场的支配性地位，使大批资金在机构内滞留；第二，PayPal 公司作为电子账户服务商的身份已不再单纯，表现出成为金融机构的倾向；第三，它为中国的跨境资本流动提供了新的渠道，而对其监管却存在政策和操作两个层面的难度；第四，PayPal 支付平台收集的海量商业信息，既不能保证绝对的安全性，也不能保证用途适当、合法。

（一）大量资金在机构内滞留

PayPal 官网上的公开信息与 PayPal 用户的使用体验显示，在用户要求大量提现，或收付款双方发生争议时，PayPal 平台常常会对相关用户资金加以控制。这一做法客观上是为保障资金安全及交易的公平而设计，在实践中也得到全球一批用户的认可，但大笔资金也因此在机构内滞留，无法变现或使用。

在中国大陆，PayPal 要求提款者最低提现额为 150 美元。这意味着所有低于 150 美元的电子账户资金将停留在 PayPal 机构内。由于有一批企业及个人利用 PayPal 进行小额网上交易，因此，由于最低提现额要求而滞留在该平台内的资金规模十分可观。

另外，即使用户的 PayPal 账面资金达到提款要求，每笔提现也需要手续费 35 美元，使账目金额较少的用户倾向于积累资金。尤其是在用户第一次使用 PayPal 收款时，如果货款到账后立即提现，PayPal 往往视为风险操作，要求进行资料审核等，对用户设置功能限制，阻碍提现。如果用户要求全部提现，也可能被视为风险操作，因而受到功能限制。通常，即使允许提现，PayPal 也需要 3 到 7 天才能将用户电子账户内余额转移至银行账户。在付款、收款双方产生交易争议时，资金一般会被冻结 20 天；如果争议在 20 天内无法解决，冻结将延长至30 天。

（二）原本单纯的支付平台向金融机构转变

与平台内大量资金滞留相联系的是，PayPal 公司 2013 年 4 月的新动态显示，其下属的 PayPal 国际平台已很难被简单视为在线支付业务的提供者，而表现出了从事货币信用活动的金融机构特征。

在 PayPal 的中文官方网站上，PayPal 自述为网络电子账户和在线收付款服务的提供商。我国当前对第三方支付平台的管理，主要基于 2010 年中国人民银行颁布的《非金融机构支付服务管理办法》，从侧面认证了诸如支付宝、PayPal 等电子支付业务提供商并非金融机构。然而，2013 年 4 月，中国电子商务研究中心转引自外媒的报道显示，PayPal 已开始为 eBay 网在线市场的商家提供融资服务，而此前 PayPal

---

[①] PayPal 国际平台目前还未获得在中国国内从事支付业务的许可证，只有跨境支付业务。PayPal 公司中国境内业务另设合资公司，其下属贝宝中国平台仅从事人民币境内支付业务，应与 PayPal 国际业务区分。

公司已经向 eBay 在线市场的购物者提供贷款。这种基于网络、高度虚拟的信贷业务，涉及了全球资金，也包括中国用户资金。

PayPal 的境外业务范围已经改变，不再单纯局限于支付与清算服务，而涉足货币信贷领域。能否将其企业性质重新界定，视为非银行金融机构，适用金融机构监管条例，还有待研究。但肯定的是，PayPal 所面临的商务与金融风险已经不同。虽然 PayPal 并未在中国境内开展信贷融资等金融服务，但其本身并不能保证中国用户暂存在该机构内的资金不用于境外贷款。

（三）资本跨境流动难以监管

PayPal 为资本跨境流动提供了新的渠道，但它不仅具有一般第三方支付机构所具有的难以监管的特性，还由于境外企业身份，令监管实际操作更难以实施。

监管难度分为政策与操作两个层面。

1、政策层面困难

2010 年 6 月中国央行发布了《非金融机构支付服务管理办法》，首次将第三方支付机构纳入监管体系。《中华人民共和国外汇管理条例》、《个人外汇管理办法》及《个人外汇管理办法实施细则》等文件也对跨境支付方面涉及的结售汇业务做出了规定。但中国现有的一系列规范存有漏洞。国汇（2008）认为通过制造虚假交易，就可以利用第三方支付平台实现资金跨境转移、提现。周少晨（2010）的文章指出，现有的一系列规范确实存有漏洞，还都无法非常有效地规避灰色甚至非法操作。田昊炜、田明华、邱洋、程思瑶（2012）的研究表明前述政策问题尚未解决，相关法律、法规缺失，监管主体、审查具体办法也不明确。

2、监管实际操作困难

在 PayPal 国际的中英双语官方网站上，任何个人和企业均可通过简单注册并认证身份而成为 PayPal 平台的用户，从而成为跨境资本流动的收款人或付款人，享受该平台无上限①收付款并提现的便利。特别是，企业账户下甚至可以设置多达 200 个子账户。PayPal 平台建立之初的目的是为服务于电子商务交易，然而其服务却并非必须与实物交割挂钩，虚拟性极强，甚至许多交易本身就针对虚拟产品。因此，即使不进行实物交易，也能够在 PayPal 上实现正常支付，使监管难以有效实施。

不仅如此，PayPal 公司的境外企业身份、其设在美国加利福尼亚州的总部及服务器也给监管带来了政治及地缘上的操作难度。

（四）海量中国个人及商业信息的管控风险

PayPal 公司在 2013 年 2 月 20 日更新的《隐私权保护规则》明确表示，当个人与企业开设 PayPal 账户或使用 PayPal 服务时，该公司可以收集注册者或使用者的联系信息，例如姓名、地址、电话、电子邮件等；以及财务信息，例如用户关联至 PayPal 账户或提供给 PayPal 的完整银行账号和（或）信用卡号；甚至还有详细的个人信息，例如出生日期或身份证号码。当用户访问 PayPal 网站或使用 PayPal 服务时，该公司会收集用户访问的网页上的数据、移动终端 IP 地址、地理位置等信息，以及有关用户的交易和活动的信息。

另外，PayPal 公司还可以从第三方（如信用局和身份验证服务机构）获得用户其他信息，比如，在用户向 PayPal 提供访问权限后，PayPal 还可以收集、储存、使用由社交媒体网站（例如 Facebook 和 Twitter）等第三方存储的个人信息。PayPal 还可以收集用户使用其网站或 PayPal 服务及与其互动的相关信息，比如用户的计算机、手机或其他接入设备上的软件活动。

在注册 PayPal 账号并认证时，对于企业用

---

① PayPal 平台本身对跨境支付不设限额。在收、付款人发卡行设立上限的情况下，技术上存在通过灰色手段实现超额收、付款的方式，在此不便详述。

户来说,还必须提供自身商业信息,如公司名称、业务类型、经营主项、地址、商业联系人的个人信息及联系方式等。

在《隐私权保护规则》内,PayPal承诺按规定保护用户个人信息隐私,但同时并未明确排除信息存在丢失、误用、非授权访问和披露的风险。

三、中国第三方支付平台国际化的动态与展望

中国国内第三方支付机构进入跨国支付服务领域,虽然不能完全消除PayPal的负面影响,但却可以引入竞争,促进该市场健康发展。截至2013年4月的公开市场信息显示,中国国内第三方支付平台的国际化已经开始,但基本处于"初级阶段"。

(一)近期动态

1、平台数量增多

支付宝、财付通、银联"海购"等平台逐一开展国际业务,中国国内支持跨境支付的第三方支付平台数量在增长。

2012年2月15日,支付宝开通海购快捷支付应用,支持人民币跨境支付,主要面对亚太商家。2012年11月,腾讯公司旗下财付通平台通过与美国运通合作,开通了跨境人民币支付业务。2013年2月,中国银联推出名为"海购"的跨境支付平台,支持银联用户人民币跨境支付。

2、业务范围扩大

以支付宝为例,2012年,支付宝开通海购快捷支付应用后,还基本局限于对亚太商家,如对香港、日韩等地区商家的付款服务。而同年8月,支付宝正式与英国国际支付服务商DataCash合作。集中于欧美地区的、DataCash的客户,已经可以接受通过支付宝的付款。

从参与数量与服务范围上看,中国第三方支付平台已跨出了国际化的脚步,但也面临一定困难。

(二)面临困难

中国国内第三方支付平台至少面临着两方面的困难,第一是PayPal平台的先发竞争优势,第二是我国资本账户尚未完全开放。

1、PayPal的先发竞争优势

PayPal在整个支付渠道上具有先发优势,给中国同类型平台的国际化发展造成了压力。相比中国国内平台,PayPal早在2010年3月,便已支持中国银联用户利用银联人民币卡跨境付款。甚至在更早之前,中国境内用户就已可以通过双币信用卡实现PayPal平台上的支付。

具体的,PayPal具有四方面的有形优势,以及品牌这一无形资产:

(1)全球消费用户:PayPal公司官网称其PayPal国际平台拥有全球9800万活跃用户。而国内平台由于普遍刚刚开始跨境支付,其国际用户,特别是活跃用户数量尚不明确。

(2)全球商家用户:PayPal平台支持针对190多个国家、数百万商户的支付,高于国内平台。

(3)银行:PayPal与世界各国银行及银行联合组织展开合作,支持20多种主要货币支付。而中国国内支付平台与境外银行的合作相比尚待扩大。

(4)返利商:海购过程中,购物者通常可以获得来自境外返利商的、达到购物额2%到30%不等的返利。而境外主要返利商,如Mr. Rebates, Ebates, Extrabux等网站,均只能将返利打入用户的PayPal账户,而非返现。相比返利,国内支付平台能够提供的、具有吸引力的特色服务依然较少。

(5)品牌:PayPal公司通过掌握消费用户、商家用户、银行、返利商等电子商务渠道,建立了较高的国际认可度。以中国外贸电子商务从业者的观点为例,2012年12月eBay公司公布的《eBay大中华区外贸电子商务报告》显示,eBay大中华区卖家在eBay平台上的销售额占其

总销售额的77%，在eBay卖家的所有收款中，92%都是通过PayPal完成，83%的eBay卖家认为通过PayPal来实现支付是推动其外贸电子商务成功的重要因素。

2、中国资本项目未完全开放

由于中国国内第三方支付平台国际化后，仍然需要与国内银行合作，主要服务于国内消费者的海购需求，而国内银行和消费者受到结汇、跨境付款等方面的额度限制，不利于支付平台扩大营业额、发展业务。因此，中国资本项目未完全开放，是国内支付平台国际化近期无法避免的困难。

相比之下，PayPal的母国美国高度开放的资本与金融账户可被看作一项竞争优势。

（三）优势分析

由于国内支付平台国际化刚刚启动，根据现有信息，很难总结明确的发展优势，但如果基于截面数据，仍然可以谨慎推测，或进行大胆展望。

1、"母国市场效应"

母国市场效应，简单说，是指在一定条件下，制造业厂商会因为拥有庞大的母国市场而实现规模经济，通过学习，积累经验与技术优势，提高国际竞争优势，实现出口。这一定理能否适用于第三方支付平台，还需要严格的定量检验。

但从目前情况来看，我国实行第三方支付平台执从业许可证方可运营的政策，而PayPal国际平台并未取得经营国内支付的许可证，因此，中国境内拥有2.2亿在线购物者的支付市场，主要由国内机构占有。其中，根据中国电子商务研究中心的报道，支付宝、财付通、汇付天下、快钱等平台市场份额最高，前10家企业占据了9成市场份额，为国内平台国际化提供了规模支持。

艾瑞咨询集团的报告显示，2012年第一季度，中国在线支付业务交易规模达到7700亿元人民币。中国拥有2.2亿在线购物者，高于美国的1.7亿，是日本的2倍和英国的5倍。根据波士顿咨询公司2012年的预测，中国电子商务市场规模将在2015年超越美国，并占中国社会零售总额7.4%左右。

2、海购者平台"粘性"

2013年3月支付宝官方统计数据显示，支付宝注册账户总量达到8亿。国内支付平台的使用者，是否会在进行海购时表现出对平台的"粘性"，尚待进一步研究。由于平台内账户存有余额，或者由于使用习惯等因素，消费者可能在进行海购时倾向于继续使用国内第三方支付平台。

例如，银联2013年2月推出的海购平台，特别为国内海购用户提供了中文导购网页，可以为不会外语的国内海购者提供网页翻译等特别服务，有可能使持银联卡的国内海购者对这一平台产生一定粘性。

3、潜在优势——国家产业扶持政策

中国境内海购者在海购时倾向于支付人民币，这一点从PayPal等支付平台均开设人民币支付业务方面就可以看出。中国海购者支付人民币的偏好，会促使商家考虑接受人民币，从而促进人民币的国际化。国内第三方支付平台的国际化，有助于发挥中国海购者购买力的国际影响，服务于人民币的国际化。如果能够促使海购交易实现完全的人民币结算，中国有理由利用对外经济政策来扶持国内平台的国际化，比如在自由贸易区合作中增加条款，使他国商家接受中国第三方支付平台作为跨境付款渠道。

定性地看，国内第三方支付平台的国际化与人民币的国际化表现出正向互动。2010年7月，意大利时尚品主要网络销售商"拉斐尔在线"就与支付宝合作，推出了以人民币进行商品标价的电商网站。虽然目前国内消费者以人民币支付货款后，仍需银行自动换汇以支付商家货款，但在未来，境外商家以人民币标价，并且可以通过中国支付平台、直接接受人民币付款的一天，将为期不远。

四、结束语

跨境第三方支付平台随海购与外贸电子商务的兴起而兴起，在未来，也有可能成为传统贸易的付款手段。本文分析总结了中国跨境第三方支付服务这一市场的现状，并通过对市场份额的比较，认识到美国 PayPal 公司在这一市场当中拥有支配性地位。然而，在电子金融业务、资金滞留、跨境资本监管、商业信息风险等四个方面，PayPal 平台有可能威胁到这一新兴市场的成长。通过总结中国国内第三方支付平台近期的国际化动向，和国内第三方支付服务市场的情况，本文提出了国内支付平台将遇到的两方面困难，即中国资本项目未完全开放及来自 PayPal 的竞争。不过大胆展望，中国国内支付平台的国际化具有自身的优势。

跨境支付服务市场的增长，有可能悄然改变未来数十年的国际贸易模式与资本跨境流动形式。因此，在这一行业刚刚起步的时期，中国本国第三方支付平台适时国际化，有利于提早在第三方支付服务的国际市场上制定规则，服务于境内企业与个人的海外购物，并且促进中国境内企业开展与海购相反的"海销"（即外贸电子商务，新型的出口贸易模式），甚至可能与人民币离岸结算业务产生良性互动，成为推动人民币国际化的一条"电子路径"。这些都是值得深入研究的课题，在此难以一一详述，还有待学者与业内人士研究、完善。⑥

参考文献

[1] 周少晨.第三方跨境支付：发展态势、风险与监管 [J].中国信用卡，2010(16).

[2] 国汇.网上跨境支付与外汇管理对策 [J].中国信用卡，2008(18).

[3] 王大贤，邱继岗.网上跨境支付外汇管理问题研究 [J].南方金融，2009(8).

[4] 佚名.超级网银与第三方支付的生存法则 [J].金融科技时代，2011(01).

[5] 冯一萌.财付通：人民币海购 [J].IT 经理世界，2012(24).

[6] 郝建军，王大贤.第三方网上跨境支付存在的问题与政策性建议 [J].中国信用卡，2010(16).

[7] 阿拉木斯.第三方网上支付平台的法律风险 [J].电子商务，2007(02).

[8] 刘春泉.第三方支付与电子银行比较分析 [J].中国信用卡，2011(10).

[9] 王晓龙.规范第三方网上支付业务 [J].经济导刊，2008(01).

[10] 李志豹.国内第三方支付发力跨境业务 [J].电子商务，2012(01).

[11] 黄海华.论电子商务中第三方支付的安全性 [J].商场现代化，2008(08).

[12] 田昊炜，田明华，邱洋，程思瑶.网络海外代购对我国的影响和对策 [J].北方经贸，2012(02).

[13] 佚名.支付宝和贝宝 安全可靠的第三方网上支付服务 [J].新电脑，2006(02).

[14] 谢仲良.支付平台大战 破解电子商务瓶颈 [J].电子商务，2005(09).

[15] 佚名.贝宝：一个在线支付开拓者 [J].中国信用卡，2010(09).

宏观经济政策对股票市场的影响
——基于 VEC 模型

吴 轩

（对外经济贸易大学国际经贸学院，北京　100029）

一、引言

在要素市场中，资本市场处于核心地位。一个高效的资本市场能够让资源在空间与时间上得到更有效的配置，解决资金不足的问题，从而促进整个经济体的经济发展。而股票市场是资本市场的重要形态之一。随着股票市场的不断发展，以股票为代表的直接融资比重越来越高。

宏观经济政策主要分为财政政策，货币政策与对外经济政策。当股票市场的运行出现异常现象时，政府采取的宏观经济政策能否对股票市场产生影响，从而影响股价的波动？如果能，又是在什么样的程度上影响股票市场？这个问题既具有理论意义，又具有实践意义。而目前我国对股票市场的宏观经济政策一直处于调整与适应中。因此，笔者认为对宏观经济政策是否有效影响股票市场这一问题进行深入研究很有必要。

二、理论分析

宏观经济发展水平是影响股票价格的重要因素，宏观经济政策调整影响宏观经济发展水平，通过对投资者信心与股票价格的影响，从而影响了整个股票市场，本文主要研究财政政策、货币政策、对外经济政策和产出水平对股票市场的影响。

（一）财政政策对股票市场的影响

财政政策是政府调控宏观经济的一种基本手段，通过财政税收、购买性支出和财政转移支付、国债政策等手段影响社会总需求，从而促进社会总供求平衡。

1、税收

政府可以通过调整税率、税种、起征点调节证券投资和实际投资规模，促进或者抑制社会总需求。若政府对个人减税，相当于增加了股票市场投资者的收入，投资者信心增强，会增加对股票的投资，股票市场会走强。若政府对企业减税，会提高企业的盈利，使得企业股票价格出现上涨。因此，改变税收会影响股价的波动方向。

2、购买性支出和财政转移支付

财政资金的流向可以调节产业结构，政府对不同行业的投资规模不同，对行业的发展影响也就不同。政府支持将会增强投资者对其行业的信心，而该行业本身的发展也会得到促进，两方面的作用，将会提高该行业的股票价格。

（二）货币政策对股票市场的影响

政府宏观经济政策中经常采用货币政策，央行通过调整基准利率改变市场利率以及通过调整存款准备金率、再贴现率等手段改变货币供应量来调控货币市场，从而实现稳定通货膨胀、发展经济等政策目标，对股票市场有直接的影响。

1、利率

利率提高，企业融资压力增大，利息负担加重，企业净利润下降，股票价格下降。对投资者个人来说，利率提高，其他投资工具收益相对增加，因此会产生替代效应，资金会流向储蓄、债券等其他金融工具，股票需求下降，股价下降；另一方面，如果市场允许信用交易，卖空者的融资成本将会提高，同样降低了股票需求，引起股价下跌。

2、货币供应量

货币供给量增加，资金面变宽松，大量游资需要新的投资机会，股票市场就成为了社会富余资金的理想投资场所之一。流入股票市场的资金增多，引起对股票需求的增加，促使股价上升；反之股价下降。同时，银根宽松，有助于企业融资，促进实体经济发展，企业盈利增强，股价进一步上升。

3、通货膨胀率

通货膨胀对股票市场的影响较为复杂。通货膨胀率上升时，上市公司在派发股息时为了股东利益不受损，有可能会提高股息收益率，从而引起股价上升。而通货膨胀率过高又会引起政府采取紧缩的经济政策，股价下跌。总的来说，一定程度的通货膨胀率对股票市场有正向作用，不在这一范围内的通货膨胀将会引起股市低迷。

（三）对外经济政策对股票市场的影响

对外经济政策包括出口补贴、进口限额、汇率波动等。以汇率为例，若人民币汇率上升，将对出口企业有利，不利于进口。一方面提高了出口企业的盈利，这些企业的股票价格将会上升；另一方面，贸易差额增大，社会总需求增加，股票市场走强。

（四）产出水平对股票市场的影响

宏观经济政策的调整会改变整个经济体的产出水平。产出水平提高，将会增强投资者对整个经济形势的信心，从而提高投资者对股票市场的投资，股票价格将会上涨。同时经济景气的预期会提高企业的产量，企业盈利增加，进一步促进股票市场走强。

三、实证分析

（一）时间序列的选取

1、通货膨胀

选取居民消费物价指数 CPI 作为通货膨胀的指标，这一指标使用最广泛，也对通货膨胀的程度有较好的衡量。

2、货币供应量

广义货币供应量 M2 一直作为衡量货币供应量的重要指标，不仅反映了现实购买力，也反映了潜在购买力，对股票市场的影响比其他指标更显著，因此选取这一指标。

3、市场利率

由于银行间 7 天内同业拆借加权平均利率 R 对宏观政策敏感，同时容易受到市场的影响，所以可以选取这一指标作为市场利率的反映。

4、人民币汇率

人民币对美元的汇率 S 在国际贸易中使用最多，对进出口影响最大，也因此对宏观经济影响较大，从而选取这一汇率作为人民币汇率的反映。

5、经济产出指标的选择

国内生产总值 GDP 并没有月指标，在本文中选取经济景气指数中的一致指数 X 作为经济产出量的替代。一致指数是反映当前经济的基本走势，由工业生产、就业、社会需求（投资、消费、外贸）、社会收入（国家税收、企业利润、居民收入）等 4 个方面合成。

6、股票市场发展状况指标的选择

为了数据的连续性与可得性，也为了更全

ADF 平稳性检验结果① 表1

变量	ADF 统计量	1% 临界值	结论	变量	ADF 统计量	1% 临界值	结论
LNSH	−2.817086	−3.462412	非平稳	LNM2	−7.288838	−3.462901	平稳
LNSH	−9.728081	−3.462412	平稳	LNR	−2.599017	−3.462253	非平稳
LNSZ	−2.943817	−3.462412	非平稳	LNR	−16.68728	−3.462412	平稳
LNSZ	−9.476694	−3.462412	平稳	LNS	0.302932	−3.462737	非平稳
LNCPI	−2.653352	−3.464280	非平稳	LNS	−3.588794	−3.462737	平稳
LNCPI	−5.663702	−3.464280	平稳	LNX	−2.572301	−3.463405	非平稳
LNM2	0.336214	−3.462901	非平稳	LNX	−4.792067	−3.463576	平稳

注：表示差分一次

面地考察我国股票市场发展状况，本文选取上证综合指数与深证综合指数月平均指数 SH、SZ 作为衡量股票市场状况的指标。

在分析之前，应对数据进行无量纲化处理，本文采取取对数的方式。由 CPI、M2、R、S、X、SH、SZ 得到 LNCPI、LNM2、LNR、LNS、LNX、LNSH、LNSZ。为了减少数据的误差，每列时间序列的时间都是从 1996 年 1 月开始直至 2013 年 2 月结束，同时为了对沪市与深市进行对比分析，把数据分为样本 1 与样本 2，样本 1 包括序列 LNCPI、LNM2、LNR、LNS、LNX、LNSH，样本 2 包括序列 LNCPI、LNM2、LNR、LNS、LNX、LNSZ。

（二）平稳性检验

若时间序列是非平稳序列，就容易形成伪回归，因而需要对时间序列进行平稳性检验。此处采用最常用的 ADF 方法检验序列的平稳性，检验结果如表 1 所示。

从表 1 可以看出，所有时间序列都是非平稳序列，不能直接回归，否则可能会产生谬误回归，从而导致实证结果不

可靠。因此需要进行协整检验，以确定变量之间是否存在长期均衡关系。如果变量之间存在长期均衡关系，那么，即便变量序列是非平稳的，也可以进行回归。对所有序列进行 1 阶差分后，ADF 检验结果显示，所有序列的 1 阶差分形式全是平稳序列。也就是说，所有序列都是 I（1）

样本 1 协整检验的结果 表2

Unrestricted Cointegration Rank Test (Trace)

Hypothesized No. of CE(s)	Eigenvalue	Trace Statistic	0.05 Critical Value	Prob.**
None *	0.200171	110.9772	95.75366	0.0030
At most 1	0.126199	66.08237	69.81889	0.0958
At most 2	0.107710	38.96703	47.85613	0.2616
At most 3	0.051165	16.06035	29.79707	0.7080
At most 4	0.026949	5.503700	15.49471	0.7532
At most 5	6.25E-05	0.012568	3.841466	0.9105

Trace test indicates 1 cointegrating eqn(s) at the 0.05 level
* denotes rejection of the hypothesis at the 0.05 level
**MacKinnon-Haug-Michelis (1999) p-values

样本 2 协整检验的结果 表3

Unrestricted Cointegration Rank Test (Trace)

Hypothesized No. of CE(s)	Eigenvalue	Trace Statistic	0.05 Critical Value	Prob.**
None *	0.203786	115.5108	95.75366	0.0011
At most 1	0.143733	69.70552	69.81889	0.0510
At most 2	0.112299	38.51583	47.85613	0.2800
At most 3	0.045020	14.57267	29.79707	0.8070
At most 4	0.025998	5.313548	15.49471	0.7747
At most 5	9.32E-05	0.018742	3.841466	0.8910

Trace test indicates 1 cointegrating eqn(s) at the 0.05 level
* denotes rejection of the hypothesis at the 0.05 level
**MacKinnon-Haug-Michelis (1999) p-values

序列，属于同阶单整，符合协整检验的条件。

（三）协整检验

采用 JOHANSEN 方法分别对样本1、样本2进行协整检验，检验结果分别如表2、表3所示。

从表2、表3可知，迹统计量在5%的显著水平下都拒绝至多存在1个协整向量的原假设，接受至多存在一个协整变量的原假设，因此可以认为样本1、样本2都各自存在一个协整向量，即 LNCPI、LNM2、LNR、LNS、LNX、LNSH 之间存在协整关系，LNCPI、LNM2、LNR、LNS、LNX、LNSZ 之间存在协整关系，都应在各自基础上建立向量自回归的误差修正模型，即 VEC 模型。

（四）建立 VEC 模型

1、VEC 模型的定阶

通过样本1、样本2中 AIC、BIC 准则以及其他相关指标[①]的综合考虑，最终都选择最优滞后期为2，即针对样本1、样本2分别建立6变量的 VEC（2）模型1、模型2。

2、VEC 模型的稳定性检验

稳定性检验可以作为检验理论合理性的标准，它也是进行脉冲响应分析的前提。从图1、图2可看出，模型1与模型2全部 AR 根的模均位于单位圆内，表明我们设立的两个标准 VEC（2）模型具有良好的稳定性，从而确保了下一步研究的有效进行。

（五）Granger 因果检验

对模型1、模型2进行 Granger 因果检验，检验结果如表4、表5所示。

从表4可以看出，在5%显著性水平下，LNCPI 是引起 LNSH 格兰杰变化的原因，即 LNCPI 的前期变化能很好地解释 LNSH 的变化。从表5可以看出，在5%显著性水平下，LNCPI 是引起 LNSZ 格兰杰变化的原因，若在10%显著性水平下，LNS 也是引起 LNSZ 格兰杰变化的原因。

由此可以粗略分析，通货膨胀的变化对沪

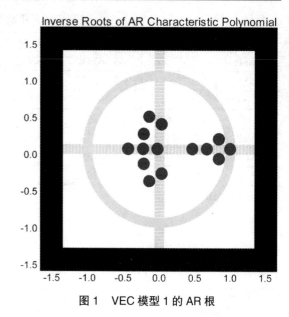

图1　VEC 模型1的 AR 根

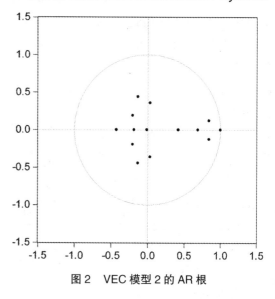

图2　VEC 模型2的 AR 根

深两市影响比较显著，而对外政策的变化仅对深市影响相对显著。

（六）脉冲响应分析

以前文建立的 VEC 模型1与模型2为依据进行脉冲响应分析。图3~图7给出了时间为40个月沪深两个股票市场对宏观经济变量增长一单位（1%）正向冲击的响应曲线，即解释变量的1单位残差冲击对被解释变量的影响。图中实线代表沪市的脉冲响应曲线，虚线代表深

模型 2 的 Granger 因果检验结果　表4

Dependent variable: D(LNSH)

Excluded	Chi-sq	df	Prob.
D(LNCPI)	6.665540	2	0.0357
D(LNM2)	0.521309	2	0.7705
D(LNR)	2.570530	2	0.2766
D(LNS)	4.007315	2	0.1348
D(LNX)	0.834008	2	0.6590
All	15.94499	10	0.1012

模型 2 的 Granger 因果检验结果　表5

Dependent variable: D(LNSZ)

Excluded	Chi-sq	df	Prob.
D(LNCPI)	8.522159	2	0.0141
D(LNM2)	0.048576	2	0.9760
D(LNR)	1.849501	2	0.3966
D(LNS)	5.054631	2	0.0799
D(LNX)	1.159644	2	0.5600
All	18.43963	10	0.0480

市，横轴代表响应时间。

从图3、图4可以分别看出当 LNCPI、LNM2 增长一个单位时沪深两市各自的响应，宏观经济政策引起通货膨胀增加或货币供给量 M2 增加后，沪深两市的股票都有上涨的趋势；

两者对沪深两市的瞬时作用都在第 5 个月左右达到最大；之后，两者瞬时作用开始减弱；但长期来看，对沪深两市都有持续的正向作用。比较来看，通货膨胀、货币供给量对沪深两市的冲击趋势基本是一致的，但对深市的整体冲击更大，而通货膨胀对沪深两市的冲击作用在数量上大于货币供给量 M2，在当月反映来说，沪深两市对货币供给量的响应更迅速。

由图 5 的脉冲响应曲线可得，利率增加后，沪深两市会在短期内出现一个很小幅的增长；之后很快就开始大幅下降，利率增加变为较大的负向作用，说明利率对股票市场的影响存在时滞；从长期看，沪深两市对利率增加的冲击的响应没有减弱，而是趋于持续。比较来看，沪深两市对利率冲击的响应趋势基本一致，但对深市的长期冲击更大。

图 6 的脉冲响应曲线说明汇率上升对股票市场的影响。在汇率上升后，沪深两市在短期出现了一个小幅下降；之后开始大幅上涨，汇率上升的作用由负向转为正向，反映了汇率对股票市场的影响存在时滞；长期来说，汇率上升的正向作用没有减弱，最终趋于持续。比较来看，沪深两市的响应趋势基本

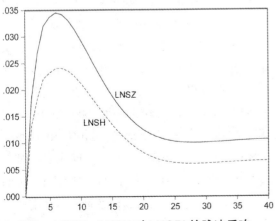

Response of LNSH, LNSZ to Cholesky
One S.D. LNCPI Innovation

图3　LNSH、LNSZ 对 LNCPI 的脉冲反响

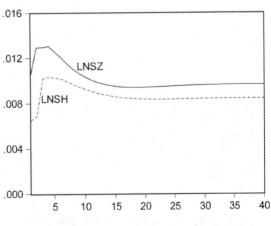

Response of LNSH,LNSZ to LNM2

图4　LNSH、LNSZ 对 LNM2 的脉冲反响

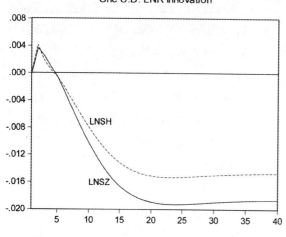

图5 LNSH、LNSZ 对 LNR 的脉冲反响

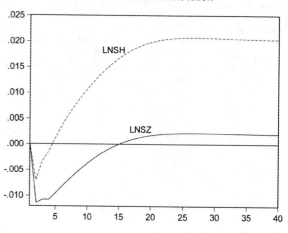

图6 LNSH、LNSZ 对 LNS 的脉冲反响

一致，但深市的反应时滞更长更强，而最后的正向作用较弱。

图7 中的 LNSH、LNSZ 对 LNX 冲击的响应曲线可以替代反映产出对股票市场的影响。当产出增加后，沪深两市有一个很微弱的正向反应，之后开始走低，并稳定在一个水平上。比较来看，沪深两市的反应基本一致，但深市长期反应更强。

综上，股票市场对宏观经济政策冲击的响

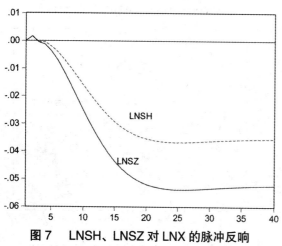

图7 LNSH、LNSZ 对 LNX 的脉冲反响

应基本符合理论分析，不同的是，实证中可以发现一些政策如利率、汇率等会存在一定程度的时滞，同时，不同市场对宏观经济政策冲击的响应程度是不一样的，比如本文中，深市就比沪市更为敏感与剧烈。在这里需要提出的是，产出对股票市场的长期影响并不完全符合理论分析，可能与我国金融制度、金融系统传导机制有关，有待进一步研究。

（七）方差分解

表6与表7分别列示了货币政策、各宏观经济变量与上证综指、深证综指的方差分解结果。通过方差分解，不仅可以进一步掌握各考察变量被自身及其他变量的解释程度，还可以考察不同变量对沪深两市变动的贡献度。

由方差分解表可以看到，通货膨胀、货币供应量、利率、汇率、产出这些政策变量在短期分别可以解释上证综指一个方差变动的 3.952%、0.009%、0.053%、0.160%、0.019%，深证综指一个方差变动的 6.110%、0.036%、0.040%、0.857%、0.0334%。可见，LNM2 对上证综指对数值 LNSH、深证综指对数值 LNSZ 的方差的贡献度在短期与其他变量的贡献度相比变得十分微小，LNCPI 的贡献度较大。货币供

模型1的方差分解　　　　　　　　　　　　表6

Period	S.E.	LNCPI	LNM2	LNR	LNS	LNX	LNSH
1	0.005798	0.000000	0.000000	0.000000	0.000000	0.000000	100.0000
5	0.015439	3.951540	0.009497	0.053472	0.159730	0.019318	95.80644
10	0.027435	4.988972	0.004512	0.192186	0.415173	0.701667	93.69749
15	0.036686	4.548881	0.003481	0.656410	1.138020	2.971072	90.68214
20	0.043547	3.813937	0.003573	1.158134	1.961430	5.771035	87.29189
25	0.049031	3.217421	0.003934	1.526625	2.637825	8.016214	84.59798
30	0.053792	2.788803	0.004222	1.766580	3.120858	9.549619	82.76992
35	0.058136	2.481644	0.004403	1.926335	3.458509	10.58711	81.54199
40	0.062190	2.253944	0.004520	2.041449	3.704457	11.33318	80.66245

模型2的方差分解　　　　　　　　　　　　表7

Period	S.E.	LNCPI	LNM2	LNR	LNS	LNSZ	LNX
1	0.005719	0.000000	0.000000	0.000000	0.000000	100.0000	0.000000
5	0.015023	6.110064	0.035674	0.039560	0.857276	92.92359	0.033832
10	0.027108	8.064673	0.050466	0.250428	0.605483	89.61681	1.412145
15	0.037089	7.456391	0.049654	0.879860	0.435112	85.51810	5.660886
20	0.044861	6.325429	0.044148	1.541781	0.340628	81.06653	10.68148
25	0.051164	5.388461	0.039039	2.027620	0.285879	77.59434	14.66466
30	0.056595	4.711407	0.035254	2.349158	0.249109	75.23798	17.41709
35	0.061489	4.226079	0.032553	2.566621	0.221814	73.64355	19.30939
40	0.066016	3.866621	0.030574	2.724083	0.200647	72.49773	20.68034

应量，产出效应起到的作用较小。而从长期来看，随着时间的推移，各因子的贡献度出现了变化，产出变量对沪深两市股票市场波动的影响远大于其他变量的影响。

四、结论

从理论角度分析，宏观经济政策对股票市场的波动具有一定影响。货币政策、财政政策、对外经济政策以及产出水平都会在一定水平上引起股价变化，股价变动方向与政策调整方向有关。

从实证研究中可以基本印证理论分析。从协整分析中看，各政策变量与股票市场指数变动具有长期均衡关系；从Granger因果检验中可以发现通货膨胀、对外政策的变化对股市影响相对显著；从脉冲响应函数中看，股票市场对宏观经济政策冲击的响应与理论分析中股价变动方向基本一致，但会存在一定程度的时滞；从方差分解来看，货币供应量、产出效应起到的作用较小，通货膨胀作用较大，但从长期来看，产出变量贡献最大。同时，本文选取了沪深两市进行对比分析，由此可以得到，不同地区股票市场受宏观经济政策影响的趋势相同，但程度存在差异，本文中深市的敏感性强于沪市。

综上分析，本文认为，宏观经济政策对股票市场有一定的影响，但政策变量产生影响的显著程度并不相同，与股票市场对政策变量的敏感度、时滞现象、观测时间长短以及市场自身波动性有关。

（下转第45页）

地方政府与产能过剩问题分析

——以无锡尚德破产为例

朱倩翌

（对外经济贸易大学，北京 100029）

2013年3月20日，无锡市中级人民法院对外宣布，对无锡尚德实施破产重组——曾经的全球最大的光伏组件制造商、光伏业的旗舰企业无奈破产，无锡尚德被高达71亿债务最终压垮。近年来，我国一些地方政府为了追求GDP的高速增长而对一些资源型产业提供了过多的政策支持，导致后者盲目扩张，引发严重的产能过剩，而供大量的过于求，恰恰是这些企业逐年亏损、产生众多危机的根源。中国的城镇化还在快速发展中，地方政府推动重复建设和产能过剩的冲动依然很大。如何从根本上化解围绕中国多年的产能过剩问题，让众多企业转亏为盈，是中国经济转型面临的巨大挑战。

一、无锡尚德破产事件

无锡尚德，是我国最大也是世界四大光伏企业之一。由知名光伏科学家施正荣于2001年创立，2002年9月首条封装线投产，当年12月即开始赢利。2005年，施正荣注册成立100%控投无锡尚德的"尚德电力公司"，并在纽交所上市。上市不久，股价就涨到40美元，施正荣本人也以23亿美元成为2006年的"中国首富"。2006年至2011年，6年间尚德电力主营收入从44.9亿元人民币提升至202亿元，股价曾一度超过90美元。到2012年底，尚德电力的年产能达2.4吉瓦，在美国、德国、日本、澳大利亚拥有多家分公司和研发机构，一切堪称完美的神话。

然而，在地方政府的大力推动下，企业盲目扩张规模，2004年，尚德的生产线产能仅有50兆瓦，从2005年底到2008年短短3年内，尚德产能从100多兆瓦一路攀升至1000兆瓦，随着2010年无锡光伏新能源产业园的建设，尚德的产能扩大至3500兆瓦，上市五年增长了70倍，2010年底，尚德光伏产能居全球第一。2011年9月28日，尚德宣称，产能扩大到近2400兆瓦，2012年又达到2500兆瓦。

不只是尚德，整个行业在政府支持下都在疯狂的扩张中，中国光伏组件量子2006-2010年之间增加了1593%。数据显示：目前国内光伏产业以每年9000万兆瓦的装机量增长，占据了全球60%总量。从2008年7月算起，全国有17个省35个多晶硅项目在建或是准备动工，这些项目产能达到12万吨，超过全球需求的两倍。2011年，全球光伏需求量20吉瓦，产能却接近40吉瓦。到2012年，中国250家左右光伏企业，其总产能超过60吉瓦，而当年全球的新增装机容量只有32吉瓦，中国的产能几乎为全球装机量的一倍。

事实上，光伏产业已经面临愈发严重的产能过剩问题，由此带来价格的大幅下降，整个行业陷入低潮。国家统计局发布的3月份经济数据显示，全国工业生产者出厂价格（PPI）同比下降1.9%，这已是PPI连续13个月处于负增长区间。2012年第二季度的财报显示，在美国上市的前10大中国光伏企业全部亏损，亏损总额接近9亿美元。美国投资机构MaximGroup最新统计数据显示，中国最大10家光伏企业的债务累计已高达175亿美元，约合1110亿元人民币，中国整个光伏产业已接近破产边缘。而首当其冲的就是行业老大无锡尚德，2008年的全球金融危机以及欧债危机给光伏行业带来了重创，德国、意大利等重要光伏市场纷纷削减太阳能补贴，需求剧烈萎缩。在危机面前，施正荣不减产能反而还作出了扩张产能的决策，并在2011美国宣布对中国光伏企业展开反倾销立案后都没有放缓步伐。2010年，主业亏损；2011年，营收、毛利双双下滑；2012年上半年，尚德平均每天亏损1000万元。2013年，截至2月底，包括工行、农行、中行等在内的9家债权银行对无锡尚德的本外币授信余额折合人民币已达到71亿元。就在今年的3月14号，美国纽交所上市公司尚德电力发表声明称，公司"没有完成今天到期的5.4亿美元债券本金的偿付计划"。2013年3月18日，尚德向人民法院递交破产申请书，这座传奇大厦就此轰然倒塌。

当然，导致尚德破产的原因是复杂的。2008年金融危机，欧债危机不断致欧洲市场萎缩，欧美的反补贴反倾销调查，行业恶性竞争，自身决策失误都一步步将尚德推向万劫不复的境地，但其中的根源和最主要的原因还是地方政府推动的产能过剩。地方政府往往不是通过市场调节，而是主导产业发展，在"新能源"和"首富效应"刺激下，尚德成为地方政府的宠儿。据了解，在施正荣创业之初，无锡政府指示当

地的小天鹅集团、无锡高新技术风险投资公司等6家国企共携600万美元资金入股无锡尚德，而后又帮助尚德争取了江苏省多个创新项目扶持资金，资金一哄而上，企业扩展增容成风，慢慢地就扭曲为不以需求为发展导向，而以投资做发展动力。除了地方，企业本身也有扩张产能的冲动，急于追求政绩的地方政府，对于那些纳税大户的企业总是过度溺爱，大家都对"太大而不能倒"深信不疑。此外，企业还能得到规模效应，以低价抢占市场，于是，光伏行业"军备竞赛"愈演愈烈。所谓成也萧何败也萧何，是地方政府给予各种特殊的政策优惠，一手将尚德捧大，又是地方政府违背市场规律，怂恿其扩张，导致扩张无序，恶性竞争，效率低下，最后到了不得不破产的地步。

二、地方政府的政策加剧众多行业产能过剩

产能过剩对于中国来说早已不是什么新鲜事，每到一个经济发展周期，都会出现产能过剩的问题。的确，一定程度的产能过剩有利于行业竞争和发展，然而近几年的产能过剩是绝对和长期的过剩，且范围很广，涉及行业很多，不仅传统的电力、钢铁、水泥、有色、石化、机械、平板玻璃等行业，连新兴产业如光伏、风电、LED照明等行业，产能过剩，利用率都不到75%，24个工业行业中有21个出现产能过剩。

IMF最新的国别评估报告对中国产能过剩程度的评估显示，中国产能利用率已经由危机前的80%下降到仅有60%，一般认为利用率75%以下为严重过剩，光伏电池开工率57%，多晶硅是35%，风电利用率则不到70%。在钢铁、水泥和电解铝行业，形势尤为严峻，2012年，中国粗钢产量达到9.7亿吨，实际钢需求很难超过9亿吨，远远消化不掉已有的产能，实际产能过剩1.6亿吨以上，行业亏损额高达289.24亿元，水泥产能过剩超过3亿吨。在电解铝行

业，据中国有色金属工业协会统计，2012年我国电解铝产能已超过2700万吨，行业亏损面达到93%。

然而，在产能已经明显过剩的情况下，仍然有16个省（区市）把钢铁、23个省把汽车作为"十二五"时期的重点发展产业，30个省（区市）把新能源产业作为发展为战略性新兴产业的重点。有些地方甚至逼迫企业项目必须达到一定产能规模方可上马，动辄上亿，没有条件拼命创造条件也得上，可以说，造成今天这种局面不得不归结于地方政府的拔苗助长，急功近利。

中央为此也多次下发文件，要求地方淘汰冗余产量。但中央军令状到地方都当耳边风，淘汰一小部分，新增一大堆，地方背地里都在大力地扩充产能，导致过剩的情况愈来愈严重，一旦需求不能及时跟上，大跃进制造的大量多余的产能只会造成大量资源的浪费、企业利润率急剧下滑、负债率快速上升，把企业逼近破产。

现在国内像尚德这样大额亏损，资不抵债的公司数不胜数。如今赛维也债务缠身，岌岌可危，恐步入尚德后尘，如果政府的"手"不加控制，而总是动不动就随意干预企业发展，尚德危局就不会是个例。

三、地方政府干预市场的动因

以上可以看出地方政府是造成目前众多产业大量产能过剩的推手，而地方政府之所以能够干预，有强烈干预的动机并且最终造成产能过剩的深层次原因有以下几点。

（一）财政分权

随着"分灶吃饭"财政体制的实施，地方政府拥有了较强独立性的经济利益。其中包括行政分权和财税分权，中央政府从20世纪80年代初开始就把很多经济管理的权利陆续下放到地方，尤其是1994年分税体制改革以来，地方政府相对自主的经济决策权加大。财政分权使地方政府利用各种资源和政策使本地经济的

发展、税收、集团利益达到最大化提供了可能。而这些变量，又在很大程度上与当地的投资量成正比，因此地方政府有很强的动机实施各种政策，刺激企业扩大投资规模。

（二）中国地方官员的晋升体制

我国以考核GDP增长作为政府官员晋升体制的核心，由于GDP以产出为核算标准，只重数量不重质量，同时重复核算和过剩产能很可能被计入GDP核算中。由于地方官员实行的是五年任期制，只会短视地使出浑身解数短期拔高GDP，而对后期的发展不闻不问。同时，地方政府官员和银行高管及企业高层之间形成巨大的集团利益，在这种畸形的激励机制下，地方政府不顾社会经济成本和效益盲目推动经济规模增长，既有利于官员自身仕途的上升，还能攫取大量的经济利益，这是严重产能过剩的根源所在。

（三）地方政府间的恶性竞争

地方政府间为了政绩，进行着低效，高资源消耗的盲目竞争。地区间存在着长期的竞争关系，各地都在盲目地攀比GDP有多高，投资规模有多大，招商引资数量有多少，而迅速拉动这些数字的行业和项目通常集中在几块上，因此极易造成产业的同质化，尤其在一些大的基础设施项目上，像钢铁、水泥、化工等，重复率极大，不可避免地造成这些行业产能过剩，经济失衡。

（四）要素配置扭曲

地方政府为了实现短期内利益最大化，将大量资源重点集中在短期产量大，见效快，拉动力强的产业和企业上。而这些通常是投入大，效益低，污染高的工业，他们不仅产出量大，还能因广阔的产业链使制造业成倍的增长。相反，对于那些与经济发展长期效果紧密相关的经济发展结构优化的投入，由于绩效信号不显著、见效周期长，往往得不到地方政府的关注，造成经济要素配置严重扭曲，无法实现资源的

有效配置。因而几个重点照顾的行业要素资源过多，产能急剧扩张。

四、地方政府干预市场的手段

地方政府凭借对资源牢固的控制和强大的行政权力对企业进行各方面的干预，其手段主要包括以下几种。

（一）干预低效企业退出

一些重要行业是GDP的血脉，是地方政府的税收、绩效、就业的支柱，而这些行业中的大鳄又是重中之重，地方政府必然会千方百计避免其破产，通过各种方式为陷入破产危机的企业提供继续生存的支持，政府越位严重会不可避免地会带来预算软约束问题。如此一来，企业不得不苟延残喘地继续甚至加大生产，该淘汰的产能反而会加大，不仅太大而不能倒的问题愈发严重，整个行业的效率都十分低下，企业无利润甚至大面积亏损。

（二）提供低成本土地

地方利用土地产权模糊的制度漏洞，通过对土地类稀缺资源强有力的控制，在招商引资的激烈竞争中，降低工业用地出让价格，返还出让金向企业提供低价甚至零地价负低价。在骇人听闻的铁本事件中，土地名义出让价格是11万元/亩，而实际的市场价格为40万元/亩，以铁本占用土地6541亩来计算，地方政府低价转让土地实际给其提供了18.9到26.2亿元的投资补贴。我国地方大量各式各样的高新技术园区、工业开发区其实就是政府白送的土地，此外还压低电价，极大地减少了企业的生产成本和进入壁垒，弥补了行业的亏损，这种间接巨额的补贴，自然扭曲了企业的投资行为，推动企业大量盲目地生产。

（三）干预银行放贷

首先，地方政府向企业提供低价土地，使得其能以远低于市场的价格收购土地，便可以以远高于成本的市场价向银行申请抵押贷款，

此举无形之中让企业以极少的自有资金筹得众多大项目的大额款项。此外，政府还会直接干预国有商业银行的信贷投放，乃至不惜以政府作为担保让银行发放低息贷款，大量掠夺金融资源。更严重的是，政府还会逼迫银行忍受企业债务延期，拖欠甚至撤销，导致银行资产负债表恶化。对企业来说，风险已经转移到政府、银行和投资人身上，资金还源源不断的有，融资成本又大大减低了，于是拼命扩大产能，造成产能严重绝对的过剩。

（四）直接用财政来补贴

近年来，钢铁、铜冶炼、电解铝等重化工行业是各地争相以各种优惠补贴政策争取投资的重点行业，在这些行业中的企业普遍都面临各级政府的投资补贴，这些行业也正是本轮产能过剩的主要行业。因为资源型的工业关系到地方经济命脉，地方政府通常实施巨额补贴。以电解铝为例，部分中部和南部省份为亏损铝企出台的补贴等特殊政策涵盖了高达900万吨的产能。补贴超过了投资本身，企业生产不再是为了盈利，而是为了政府给予的资金、土地、矿产等资源做投资套利。政府对一些重点企业倾注了太多的资源，这种拔苗助长的方式可以迅速拉高一个公司，导致短期内产能迅速膨胀，但一旦外部的负面冲击过大，市场萎缩，企业存货越堆越高，巨额补贴就变成了巨额亏损。

五、解决地方政府推动产能过剩的措施

想真正解决政府对产能过剩不断的推波助澜，还必须从地方政府的激励机制和市场机制着手，具体说来有这些做法。

（一）推进政治经济体制改革

说到底，是因为我国政治、经济的制度性弊端造成地方有强烈的欲望并且能够绑架银行和企业，导致大量的产能过剩，所以根治产能过剩的唯一办法就是改革落后的政治经济体制。

1、改革以 GDP 为纲的政绩考核体制

把经济效益、结构、民生、资源消耗、环保等内容纳入政绩考核体系中，增强考核体系的全面、科学和综合性。逐步降低 GDP 在考核中权重，消除地方政府不当干预企业投资的强烈动机，彻底改变地方推动产能过剩的内生激励机制。变阻力为动力，让地方政府切实地抓效益，抓质量，推动经济的可持续发展。

2、改革现有土地管理制度

明晰土地产权，对地方政府的资源动员能力给予一定的约束。杜绝地方政府通过低价供地为企业投资提供补贴，像土地、矿产资源的出让数量要严格控制，程序要公开、透明、合规，不能搞暗箱操作。

3、建立长效机制

（1）建立新型准入制度

先建后批，审批不停是产能不限制扩张的一大重要推动力，必须把过分依赖的行政审批制度转变到以行业标准为门槛，以当地经济和行业的发展情况动态来考量，通过行业的硬性指标，把低效的、制度不完善的、风险过大的企业拦截在外，用市场的高标准来要求这些重要行业。留下有效益的企业理性投资和生产，实现行业和企业良性循环，健康发展。应根据当地市场经济对其数量设立一个上限，当整个行业的规模达到一定程度，容纳不了多余的产能时，坚决抵制企业盲目进入该行业扩张。

（2）强化政府的信息披露和服务职能

积极定期的对市场需求调研，对行业动态跟踪分析，制定市场所需的产能。对重点行业的产能过剩进行动态监控，完善相关数据采集系统，建立科学的行业产能核定和评价指标体系，让企业和金融机构能及时掌握市场的最新信息。建立产业发展预警机制，用及时、完整、准确的信息引导社会投资，让投资者真正能够在这样的基础上做出正确的投资决策而不是盲目跟风。

（3）完善产业配套

地方政府应着眼于为企业创造良好经营环境，帮助企业提高资本效率，尽少干涉企业的经营行为，而不是过分地干预明星企业，只注重短期规模的扩张，而忽视对长期的规划。从长期而不是短期利益来考察企业的发展潜力和空间，注重盈利和效益，防止盲目扩张导致的大量产能过剩，勿让尚德爆炸式膨胀后惨烈崩盘的悲剧重演。

（4）加快要素价格机制的形成

应该逐步解除政府对汇率、利率及能源价格的管制，深化资源产品价格改革，使它们的价格能很好地反映资源的稀缺程度，纠正资源价格长期偏低的不合理现象。总的是逐步能源提高价格，用价格杠杆迫使制造企业节约使用资源，短期内这些可能会造成这些企业苦不堪言，但长期会提高资源利用效率，使整个经济运行走上资源节约型轨道。此外，还可以提高矿产资源税的税率，使其达到市场的均衡价格。

（二）充分发挥市场的资源配置作用

不管在资本主义还是社会主义社会，市场对资源配置的基础作用永远是第一位的。忽略了这个事实，而用行政力量强加在企业身上，最终只能得不偿失。要实现市场对产能过剩的消化，就必须做到以下几点。

1、根据市场放贷

随着企业和地方债务越来越大，若地方还不顾一切干涉银行不计回报地给重工业提供低廉的资金支持，一来对负债累累的企业来说是无底洞，二来银行坏账急剧增多，影子银行风险膨胀，我国金融体系恐怕在不远的将来就会崩溃。因此地方政府急需放松与银行的关系，通过市场手段分配资金，把资金引向效益高的，有发展前景，先进的行业和企业，强化银行预算约束，降低企业投资行为中的风险外部化问题。

2、严格退出机制

地方政府应减少过分的干预，切实落实中央关于淘汰落后产能的决策，去除地方保护主义，避免对无竞争力的企业的扶持，充分地依靠市场的力量推动兼并重组，实现优胜劣汰。这必然损害到其中一些财团和集团的利益，但只有地方坚决而又妥善地处理好其中的利害关系，积极地推动结构性重组，才能使行业优化，进而有效益、健康持续地发展，才能真正解决产能过剩的问题。

3、以市场导向来决定产能

地方政府应当归位，让企业作为市场预测与行业发展规划的主体来尊重市场经济的客观规律，按照市场需求的原则来做出正确的生产决策。从根本上厘清政府和市场的边界，把政府的职能转向最基本的提供公共物品和市场环境上，而让市场来决定企业的生产和发展，避免企业的过度竞争，改变产能过剩的形成机制，以市场机制来实现去产能化。

如今，面对全球经济不景气、市场萎缩的严峻形势，全球普遍都存在着产能过剩的现象。但中国的产能过剩已不是周期性、短期相对的产能过剩了，而是制度结构的缺陷造成的。要想从根源上破解，必须要有破釜沉舟的决心对政绩考核机制、土地管理制度、银行的预算软约束等一系列的制度结构加以改革，企业也应该加快转变发展方式，由资源密集型劳动密集型转移到资金和技术密集型上来，加强自身的创新能力和盈利能力，理性地生产和投资而不是过度地依赖地方政府给予的不合理的支持和保护。"末日博士"鲁里埃尔·鲁比尼曾看空中国经济说："中国内部到处充斥着在实物资本、基础设施和不动产方面的过量投资。在一个访问者眼中，证据就是那些光鲜靓丽却旅客寥寥的机场和高速列车（这将减少45个计划兴建中的机场的客流量），通往偏僻之地的高速公路，数千座高大的中央与地方政府建筑，空无一人的新城区，以及被迫关闭以避免引发全

球价格下跌的崭新铝冶炼厂。"的确，现在国内的产能过剩已到了不得不大幅削减的临界点。李克强总理说："触动利益比触动灵魂还难，对地方政府官员来说，政绩和经济利益早已成为他们最深处的灵魂。但再难，为了中国产业和经济的稳定持续发展，还得切切实实地改。"

参考文献

[1] 冯飞. 发挥市场作用 化解产能过剩（产能过剩求解 ① ）[N/OL]. 人民网，2013-4-22. http://news.ifeng.com/gundong/detail_2013_04/22/24499468_0.shtml.

[2] 张茉楠. 尚德破产敲响政府主导产业模式警钟 [N/OL]. 经济参考报，2013-3-22. http://jingji.cntv.cn/2013/03/22/ARTI1363921182997751.shtml.

[3] 产能过剩善莫大焉. 中国工商时报，2013-4-22. http://jingji.cntv.cn/2013/04/22/ARTI1366592130283735.shtml.

[4] 江飞涛，曹建海. 市场失灵还是体制扭曲——重复建设形成机理研究中的争论、缺陷与新进展 [J]. 国工业经济，2009,1(1).

[5] 王志球. 施正荣：产业兴衰的一面镜子 [J]. 股市动态分析，2012 (43).

[6] 怎样完善商品和要素价格形成机制 [N/OL]. 新华网2006-1-1. http://finance.sina.com.cn/re-view/20060101/18072243795.shtml.

中国房地产商海外投资现象分析

袁梦芸

(对外经济贸易大学国际经贸学院，北京　100029)

2013 年 3 月 8 日，美国市场上传出 SOHO 中国总裁张欣牵头一家财团洽购纽约通用汽车大厦 40% 股权的消息。如果谈判成功，张欣和她的合作伙伴将出价 34 亿美元，这也是中国投资方收购单一美国地产最大的交易之一。

其实，中国房地产商海外投资的现象早在几年前就开始出现，2012 年以来在海外有房地产项目或确定投资计划的房企，包括碧桂园、中国建筑、中国铁建、万科、万通、中坤等 12 家大型房企，规模上百亿美元。有统计数据显示，目前美国、加拿大、英国、澳大利亚、新西兰、马来西亚、新加坡和日本，已经成为中国人海外置业的"热地"。

虽然当前中国地产商海外投资总体处于一个初级阶段，但由近几年大量的数据显示，投资趋热的迹象明显。国内市场的激烈竞争令更多大型企业愿意在国外一展拳脚，这种"漂洋过海去买地"的风气方兴未艾。而据笔者所知，一些中小型房地产企业也面临着国内政策的压力和行业竞争的压力，急于在海外寻找出路。

一、中国房地产商的海外之旅

在澳大利亚，2013 年伊始绿地集团与加拿大基金 Brookfield 集团就澳大利亚悉尼 CBD 区域 Bathurst 街与 Pitt 街交会处的一栋办公楼及一栋历史保护建筑的收购达成一致并签署了正式合同，据悉，这是中国房企在澳洲最大规模的单笔投资。

在新加坡，2008 年中国房地产发展商玺萌资产控股公司以 2.1565 亿新元，购得新加坡升涛湾的珍珠岛，这是中国房地产商在新加坡顶级住宅开发项目上的头一遭。

在美国，作为中国民营地产企业的中坤集团，在 2005 年用 400 万美元在美国洛杉矶拿到地块，投资了一个 2 万平方米的大型商业中心。未来 5 年内，中坤集团打算在美国完成 5 亿美元的投资规模。总部设在北京的鑫苑置业于 2012 年 9 月份获得了纽约布鲁克林滨水区附近一处可建造 200 多套住房的地皮。2009 年，万通宣布在纽约新世贸投资 5 亿元打造"中国中心"。

在俄罗斯，2005 年 3 月，由上海上实 (集团) 有限公司、锦江集团、上海绿地集团组成的上海海外联合投资公司投资 13 亿美元进入俄罗斯的圣彼得堡市开发"波罗的海新城"项目。

二、"海外旅行"的意义

（一）由于国内市场环境和政策环境的双重不利因素

从目前房地产市场状况来看，中国的住宅和商业地产几乎已经饱和，只剩下写字楼还有一定的市场前景。再加上 2013 年 2 月末"国五条"的颁布，使房地产商感到了"地根"和"银根"的双向压力。虽然中国富人的日益增多，他们拥有大量的资金，但他们对房地产市场持有观望态度或者已经不对中国房地产市场抱有太大希望的态度，使得房地产发展商意识到，对于不确定性极大的中国房地产市场而言，是他们寻求新的发展出路的时候了。另一方面，房地产商走出去反而得到了中国政府的支持。由于国内一直受到房地产固定投资快速增长和对外贸易顺差以及其带来的巨额外汇储备问题的压力，政府鼓励房地产公司走出海外并为房地产企业提供了政策优惠。所谓政策优惠并不是明显的帮助，而只是政府允许企业自己根据企业的自身条件来做出是否进行海外投资的决策，这对于中国企业来说是一个自己决定和选择未来的极好机会。

（二）对于房地产商而言，选择国外投资市场存在政策、成本、市场潜力大的优势

海外市场拥有海外土地和房产的永久产权，以及稳定的政策、市场环境和回报率等优势，例如美国各州政府的官方除了政府办事规范外，他们还为对于中国地产商的投资落地提供一切配套服务。当投资者在国内投资受到遏制时，自然就有海外投资的意向，并且一部分海外市场当地本身就存在需求，而国内房地产企业在国外开发的项目，自然就契合了这些需求。

例如，随着中国对非洲政策的开放，众多在非洲市场上打拼多年的中国企业纷纷开始酝酿在非洲房地产业的投资计划。而当地土地成本的低廉、政策上的扶持通常被描述为两大主要诱因。又例如，东非肯尼亚首都内罗毕的房地产业一直比较落后，但中层和高层居民对房屋却有着很大需求，与国内相比，内罗毕的土地价格比较便宜，好地段地价在 100 万元人民币 / 亩左右，一般地段地价为 10~40 万元人民币 / 亩，买下后用于开发的使用期可达 99 年。此外，没有市政配套费，一年四季均可施工，而且不需要取暖设施。经测算，在内罗毕投资房地产的利润可以达到 40%~70%，利润回报相当可观。

近几年俄罗斯经济每年以 5% 左右的幅度增长，有购买力的阶层对新建住宅的需求旺盛，在圣彼得堡只有一两家欧洲的开发公司，尽管开发商的建造水平比较差，但盖出的房子却供不应求，房价也一路看涨，市场潜力巨大，这也促成了 2005 年中国房地产投资商"波罗的海新城"的项目。

（三）"去海外做中国人的生意"诱惑力极大

除了上述，被投资地本国的市场需求，中国富人国外旅游、教育以及中国海外移民数量的激增也大大增加了国外市场的需求，而中国的房地产商也许更了解中国人对房子的需求。实际上，胡润联合中国银行私人银行发布的《2011 中国私人财富管理白皮书》显示，14% 的中国千万富豪已经有移民打算。在热门的移民国家美国、加拿大和澳大利亚，中国移民一次次带动了当地的买房热潮，甚至当地不少媒体认为，中国人的买房人群炒高了当地房价。如澳大利亚，它作为移民国家，新移民的进入带来了持续稳定的购房需求；又作为优质教育资源丰富的国家，悉尼以及墨尔本等优秀高等院校集中的城市也受到了留学生的青睐，这也带来了购房自住以及投资的旺盛需求，市场空间广阔。房地产咨询公司世邦魏理仕提供的数据显示，新加坡 30% 的豪宅被中国人买走，跃升为新加坡豪宅最大的外籍买家。这些都证明了"去海外做中国人的生意"有利可图，而随着中国富人的移民潮，也许中国人会将这种在国内就培养的对于房子的热情带到国外去，抱着这样的愿景，房地产商们看到了商机。

笔者认为，随着房展会海外项目连年增加，中国经济的发展，财富阶层规模的扩大，移民需求的增长，中国海外消费市场的潜力也日益增长。未来，越来越多的具备良好条件的房地产商将会依托国内市场，去海外做中国人的生意。

三、远方风景或好——痛并快乐着

虽然一些因素非常有利于中国房地产商海外掘金，但是仍有不可忽视的风险存在，并且中国房地产商海外投资也是近几年才开始的事情，并无国内本土企业的经验可以借鉴。所以，中国房地产商绝不能忽视这些有利因素背后的不利因素，必须审慎地进行海外投资。也许有非洲、越南这些国家和地区的相关政策优惠，也有俄罗斯、澳大利亚这样的巨大市场潜力的优势，但这些乍看非常利好的政治因素，仍然存在一夜之间逆转的可能性。

首先，对于中国地产商而言，海外的投资项目地是如此的遥远，商务成本、法律关系、不同的语言文化背景等因素都构成了犹豫迟疑、谨慎的理由。而相比之下，内地火热的地产市场虽然经历历年的宏观调控，但事实证明其不排除仍处于黄金周期中的上升通道的可能性，相比之下进行海外投资的机会成本不容小觑。

虽然从部分发展中国家的房地产行业发展潜力来看，海外房地产市场投资前景非常广阔，但事实上房地产行业的敏感性是当地政府不得不考虑的重点，我国房地产企业走出去遭遇的审批阻力与政策陷阱压力非常大。所以说，国外利好条件的背后也存在政策风险、国家风险。为了禁止外来资金抬高房价，不少国家已经出台了相关保护措施。比如新加坡，为了抑制炒房资金，避免价格攀升过快，要求购入首年进行交易的要缴纳16%税金，以后每年递减4%。又如，中坤集团冰岛买地一波三折，最终遭拒，从冰岛内政部的拒绝中坤集团买地的过程来看，临时对外国投资设限的冰岛实际上就已经不仅仅将此次投资作为经济行为来看待，在经济发展与地缘政治的博弈中，冰岛政府最终选择了后者。

其次，和许多其他走出去进行海外投资的中国企业一样，阻碍当前中国房地产公司海外

投资的主要瓶颈，仍然是语言和文化的差异。虽然人们已经普遍认可了经济的全球化趋势，虽然有大量的国际化人才不断被培养出来，但是仅仅把中文翻译成外文是不够的，要实现把完整真实的意思传递给对方，还需要在充分理解和掌握投资地商业文化惯例及礼节、社会风俗习惯、法律制度等基础上进行有效率的、有针对性的沟通。中国房地产商如果不能熟悉当地的"游戏规则"，就无法保证在这场游戏中取胜，在国外市场站住脚。

再次，在资金方面，中国房地产商海外投资缺乏足够的金融支持。现有的中国对外房地产工程的金融服务不能满足承接国际工程的需要，存在许多亟待解决的问题，这些问题还不是光靠企业或者是短时间内可以解决的，更需要政府和制度的改革创新才行。如企业获得外汇资金信贷的渠道单一，出具融资保函困难，保函风险抵押要求过高，超出企业承受能力；并且为房地产工程服务的政治风险保险目前也是空白的，政策性金融支持规模太小，政策性金融支持的管理和运作机制不完善、透明度低，出口保险的保费太高，行业资本不雄厚，企业自身资金能力欠缺种种问题，都严重制约了中国企业开拓海外市场。另外，中国房地产商应该选择何种方式进入国外市场也十分重要，是选择合资、独资、绿地投资还是收购，不同的投资方式选择，所带来的政策上和投资回报上的差异不容小觑。实际上，就在一些开发商高调出海大兴土木的时候，还有一些开发商在以更加简单直接的资产并购形式从海外楼市中赚取收益；也有像SOHO中国张欣这样运用"家族信托"购买股权的方式进入的，而选择这种海外信托模式的原因在于企业及其创始人的隔离风险和财富管理；调查显示，中国投资美国商业地产市场则多以间接投资为主，即通过投资美国的房产投资信托，来达到投资目的，并且个人投资者参与到美国商业地产投资领域的则少之又少；又有像绿地集团这样以公司方式在冰岛

进行大手笔投资的方式，这种不恰当的进入方式的选择，或许也正是导致它投资遭拒的原因之一。

除了以上的政策风险和金融风险外，海外投资者还应该关注对利润影响极大的汇率风险。或许目前这个阶段的中国房地产商严格上还算不上跨国公司，但是海外投资所涉及的一些方式策略的选择，包括以上所说的投资方式的选择，应对文化差异的措施，以及国际化战略等，要求这些房地产商必须具有一定的作为跨国公司的战略眼光，以实现企业在中国市场和国外市场利益的最大化。

人民币升值，长时间的贸易顺差，巨额的外汇储备，且国外经济仍在复苏的起步阶段，或许这是中国房地产商选择海外投资又一利好条件，但是，此时的经济环境也许是把双刃剑，因为现在的海外市场的投资机会建立在国外经济低迷背景之下，巨额回报的背后也隐藏着高风险。这时候的中国，让人想起20世纪80年代的日本。二战后，日本经济快速增长，同时，70年代欧美发达国家经济却陷入停滞。598亿美元，这是1987年日美贸易顺差的新数字，挣来的美元怎么花，很多日本人决定把从美国赚来的钱再在美国花掉，开始投资于美国的房地产市场，当时日本本国的房地产泡沫有不断放大的迹象，在"广场协议"签订之后，日元大幅升值也反衬出购买海外不动产的价格优势，在当时的洛杉矶，日本人掌握了繁华地段近一半的房地产，在夏威夷，96%以上的外国投资来自日本，并主要集中在饭店、高级住宅等不动产上，到80年代末，全美国10%的不动产已成为日本人的囊中之物。1989年，日本人购买美国资产更是达到了顶峰，几个标志性事件也让当时的美国民众记忆犹新。其中，最著名的案例是三菱公司以14亿美元购买美国国家象征——洛克菲勒中心。然而，在这桩交易发生后不久，该大厦就因为经营不善出现巨额亏损，三菱不得不将它半价再卖回给原主。在90年代

后，日本人在美收购的许多资产都变成了包袱，当时的买家不得不承认；膨胀的财富让他们头脑发热。如果仔细研究日本当时疯狂的海外扩张之路，不得不说他们当时选择这条路的原因和经济状况和现在的中国非常相似，而同样的风险确实存在，谁也不知道中国房地产的海外投资会不会也成为最终的包袱呢？不同的是如今的中国开发商们更为低调和谨慎，中国房企专注于打造在外国地盘上拿项目的能力，要么通过购买当地企业、要么通过与当地企业建立合作伙伴关系来达到其目的。并且相比日本当时而言，中国的投资阶段也还没到如火如荼的时候，应该说中国的房地产开发商应该继续保持这种冷静的投资状态，循序渐进地走出去，并借鉴当时日本失败的经验教训。

一种现象如果已经疯狂得不正常，那必定蕴藏着破灭的危机。如果中国房地产商能保持清醒的头脑，避免重蹈日本的覆辙，防范各种风险，处理好国内国外投资的战略规划等问题，海外投资虽然风险较大，但对于成熟的有实力地产公司而言，仍然值得尝试，毕竟风险与收益是并存的。这种跨境投资不但可以给予投资者新的信心，为整个房地产市场带来新的机会，而且，在保证相应收益的前提下，跨境投资容易收获更多的边际收益，如赢得外界更多的关注度与企业品牌的塑造等等，所以其带来的还有许多良好的"副作用"。在海外规范、成熟的市场中，在自身专业经验丰富、充分了解投资地市场和商务环境，以及有关公司和国家政策的配合下，获得满意的投资回报也是非常有希望的。⑤

参考文献

[1] 江旋，纪振宇．女强人张欣曼哈顿买楼背后：中国住宅穷途末路．腾讯财经，2013-03-11.http://finance.qq.com/a/20130311/001253.htm?pgv_ref=aio2012&ptlang=2052

（下转第54页）

中国概念股成功应对海外做空潮

——以新东方集团为例

俞沁旻

（对外经济贸易大学，北京　100029)

一、中国概念股做空潮回顾

2010 年以来，曾一度受到热烈追捧的中国概念股（以下简称中概股）在美因众多自身及外部原因频遭做空，很多中国优秀企业在海外资本市场的生存发展受到重大挑战，同时中国企业的海外上市之路愈发困难。

自 2011 年 3 月开始，以浑水、香橼为代表的外国做空机构（图 1），频频针对涉嫌造假的中国在美上市企业发布亦真亦假的调查报告。面对这些机构的攻击，多数在美上市企业没有招架之力。

这些应对做空失败的中概股，股价暴跌甚至被停牌，并触发了全行业的生存危机。除几十家企业被迫退市外，不完全统计显示当前有近 40 家中概股股价跌至 1 美元以下。

二、做空原因分析及其衍生效应

（一）做空机制

做空是股票、期货等市场的一种操作模式，当投资者预计某一股票未来会跌，就在当期价位高时卖出所持股票，待股价跌到一定程度时再买进，以现价还给卖方，差价就是投资者的利润。

做空机制的存在，有如下

公司	做空者	做空时间	质疑理由	影响	目前状况
恒大地产 03333.HK	香橼	2012.6.21	财务造假，资不抵债	当天股价跌 11.38%，创其上市后第二大单日跌幅	股价重挫
分众传媒 FMCN.NQ	浑水	2011.11.21	虚报LCD屏数量，虚报部分收购等	当日股价跌幅一度高达 39.49%，股价创52周新低	股价恢复
奇虎360 QIHU.NY	香橼	2011.11.1	存在显著欺诈行为	当天股价大跌超过11%	股价恢复
展讯通信 SPRD.NQ	浑水	2011.6.28	财务造假，高层变动等	当日盘中大跌 33.6%	股价恢复
嘉汉林业 TRE.TO.TSX	浑水	2011.6.2	虚构资产和收入，伪造营销数据等	两天内股价暴跌约75%	破产
中国高速频道 CCME.NQ	香橼、浑水	2011.2	夸大业绩	4个交易日内股价从21美元跌至11美元	摘牌
绿诺科技 RINO.NQ	浑水	2010.11.10	夸大业绩，虚构客户	当日开盘暴跌	摘牌
东方纸业 ONP.AMEX	浑水	2010.6.28	财务造假	股价由8美元暴跌至4.3美元，跌幅近50%	股价低迷

（据公开信息整理）

图 1　外国做空机构

（来源：雪球财经）

三个意义。第一，有利于投资者主动回避风险，增加市场流通性。第二，有利于维持中国股票市场的平稳运行，降低市场风险。第三，有利于提高我国股票市场的融资效率，引导市场理性投资。

做空机构一般采取预先卖空，然后通过发布对该上市公司的不利报告导致股价下跌，再在股价大跌之后低价买入股票，抛还给券商来获得巨额收入。

（二）做空原因分析

1、中美资本市场环境不同

中国资本市场不存在真正意义上的做空机构，指出造假并不会产生明显的利益；而美国作为发达的资本市场，拥有完善的监督体系，做空机制合法存在，上市公司的一丁点问题都可能被做空机构抓住进行大肆渲染。

2、中美会计联合监管的缺失

由于中美会计联合监管的谈判一直未有实质性的进展，美国 SEC 对中国赴美上市企业财务资料来源的真实性难以实施有效地监管。而这正好给了做空机构大量做空的机会。做空者通过以投资人、新闻媒体等各种匿名身份获取企业资料，甚至派人进行实地调查，在某种程度上弥补了美国监管部门难以在华实地取证的问题。

3、中概股自身存在不良信用记录

很多在美上市中国公司，频频涉嫌财务造假。他们往往通过退货率、折旧、摊销等众多手段做高营业额，虚增利润，并通过各种财务手段隐藏关联交易。这与管理层缺乏自我监督和约束、国内诚信缺失的大环境、美国投资者对中概股曾经的热捧以及投行、律师、会计师事务所的作为不够甚至推波助澜都有不同程度的关系。

4、中概股信息披露不透明

一些在美国上市的中国企业信息披露不及时、不完整。部分企业缺乏信息披露的意识，存在能少则少、能不披露就不披露的心态，不能够及时披露重要信息。同时，由于中美在财务信息披露方面存在标准的差异，为了保障中国企业的金融安全，一些财务数据也不可能百分百透明。因此，这些差异就会被做空机构所利用。

5、中概股缺乏应对做空的经验

中国企业在美国资本市场上的经验较少，使得其容易成为做空机构质疑的对象。很多中概股在遭遇做空后，由于不熟悉中美之间国际诉讼的流程以及随之而来高额的国际诉讼费用而选择集体沉默或被动挨打，从而更易成为做空机构赢利的鱼肉。

（三）做空潮的衍生效应

1、中概股整体的信誉危机

自 2006 年至今，香橼共狙击了 21 家中国海外上市公司，其中有 16 家股价跌幅超过80%，东南融通、中国高速频道等 7 家中国概念股都是在其攻击下最终退出美国资本市场。

随着近期做空的浪潮，遭受损失的不仅是中概股和投资者，很多未上市公司的赴美上市之路变得异常艰难。2012 年上半年，从美国资本市场退市的中概股企业有 19 家，同期却仅有唯品会一家中国企业在美完成 IPO。曾提交 IPO 申请的迅雷，于 2011 年 10 月取消了在美上市计划。2012 年 5 月，神州租车也暂停了酝酿许久的赴美 IPO 计划。

2、中概股的集体诉讼赔偿费用增加

美国的律师事务所出于巨额诉讼费的诱惑，会鼓励股民对被做空公司进行集体诉讼，因此现在针对中概股的集体诉讼数量在不断增加。由于美国的集体诉讼案一旦开庭，需要很长的诉讼周期和高额的赔偿费，从而会影响公司的名誉和经济状况。很多公司会选择采取庭外和解的方式，但这同样需要支付高额的和解费用。

3、海外资本市场加强了监管力度

做空事实证明，很多在海外上市的中国公司的治理机制非常不健全，财务状况有很多漏洞。针对这一问题，美国资本市场出台了更加严厉的监管措施，以提高中国概念股借壳上市的门槛。

针对跨国共同监管的问题，SEC 最近计划与中国监管部门合作，希望能够达成一份跨国监管的协议。这包括可能会允许美国监管机构在中方陪同下调查涉及美国上市公司审计业务的中国会计师事务所。

三、新东方应对做空潮案例分析

（一）背景介绍

美东时间周三（2012 年 7 月 18 日）做空机构浑水公司发布针对 \$ 新东方（EDU）\$ 的质疑报告，新东方股价因此暴跌 35% 收报 9.5 美元，市值仅剩 15 亿美元，股价创 5 年新低，这是继周二新东方因 SEC 调查其 VIE 结构调整引发股价暴跌 34.32%（图 2）。

（二）浑水公司质疑要点总结

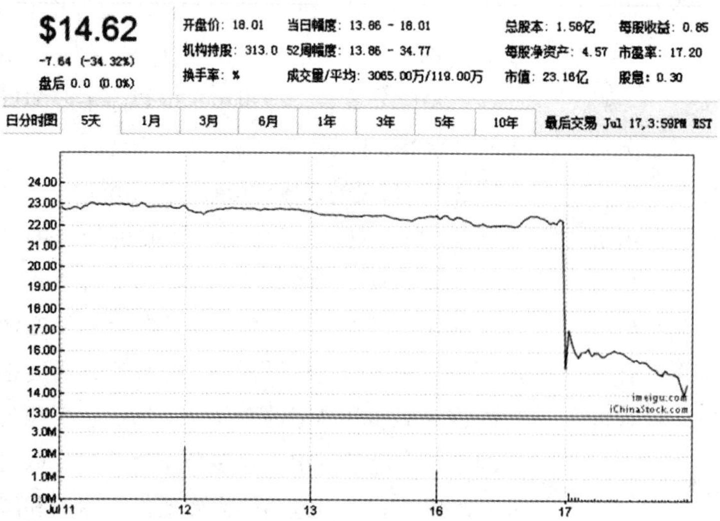

浑水公司对新东方的质疑要点　　　　　表 1

	要点	证据
1	未披露加盟项目	加盟项目主要是泡泡少儿；上市前就在开展加盟业务
2	税收减免不合理	给工商局的报表显示 2008~2010 年营收下滑；2011 年财年支付的审计费比 2007 年减少 31.9%
4	质疑其 VIE 结构	新东方 VIE 结构缺乏控制力
5	财务信息被粉饰	和其他公司相比，各个指标都显得太好

图 2　浑水发布研究报告后新东方（EDU）7 月 19 日的股价图

（来源：雪球财经）

笔者就浑水公司对新东方的质疑要点进行了总结，如表 1 所示。

下面逐条分析新东方的正面回应，为之后新东方初步成功应对浑水公司做空奠定基础。

（三）新东方对浑水公司质疑的回应

1、新东方回击质疑一：加盟还是自有？

新东方认为浑水报告存在事实性错误，并强调截至 2012 年 5 月 31 日，新东方 664 家学校和学习中心是自身独立经营，虽然公司从 2010 年开始的试点项目在部分城市采用加盟形式，包括泡泡少儿及满天星幼儿园，试点项目相对新东方来说是非实质性的。

除了新东方品牌之外，新东方旗下子品牌泡泡少儿教育在全国授权了 19 家加盟学校，满天星品牌授权了 2 家加盟学校。这 21 家加盟学校，全部仅授权使用泡泡少儿和满天星品牌，而不是授权使用新东方品牌。而且，21 家加盟学校的收入只占新东方总收入的千分之三。

俞敏洪表示，除加盟费用外，这些加盟学校自身的营业收入从未反映在新东方综合财务报表中。与此同时，在新东方综合财报中公布的涉及新东方学校数量、教学中心数量及注册学生人数等信息中，均不包含这 21 家加盟学校。

2、新东方回击质疑二：税收是否可减免

新东方解释中国民营教育

新东方的商业模式　　表2

竞争对手 培生 新航道 安博 学而思 学大 卓越教育 华尔街英语 戴尔英语 ……	关键业务 开发课程 培训老师 招收学生 核心资源 新东方品牌 优质师资力量 教育产品超市	价值主张 提高考试成绩， 提高学习能力 励志学习 快乐学习	客户关系 演讲营销 口碑传播 社会活动 图书/资料传播 渠道通路 664个教学中心 销售网络课程 XDF.com线上 报名	客户细分 留学考试 大学考试 英语培训 优能中学 泡泡少儿 留学服务 早教
成本结构 营收成本：支付给教师的课时费和绩效奖金、教学中心的租赁费用等（毛利率约60%） 行政管理费用：管理人员的薪酬、全职教师的基本工资等市场营销费用		收入来源 课程培训费（采取预收款形式，现金流充裕）出版物收入		

注：本表资料来源为雪球财经（imeigu.com）。

机构一直处在企业和学校的模糊地带。新东方在每个城市的纳税情况都是不一样的，这取决于和当地税收主管部门的沟通，有些给予税收减免，而有些没有。俞敏洪强调新东方一直遵纪守法、按照国家相关政策法规缴纳各种税费。

3、新东方回击质疑三：VIE结构

关于新东方VIE股权结构调整问题，新东方在2012年7月11日发布公告称，新东方通过简化国内实体北京新东方教育科技(集团)有限公司股权结构以进一步加强公司治理结构，通过无对价协议将VIE股权100%转移到俞敏洪控制的实体下(转移之前俞敏洪控股53%)。

俞敏洪称，新东方此次的VIE结构调整对新东方上市公司股东结构没有影响。之所以为无对价交易，是因为之前的相关利益已经交割完毕。此外，俞敏洪还进一步强调说新东方在VIE调整后也没有进行私有化的计划。

4、新东方回击质疑四：财务状况是否粉饰

对此，新东方并未做出正面回应，因此笔者对新东方的财务表现做了一个系统的分析。

（1）新东方商业模式与业务体系分析

新东方的商业模式是：办班—招生—收费。新东方从北京的培训课程出发，遍及全国；先后进入少儿、早教、中小学课外辅导等行业（表2）。目前在全国50多个城市有664个教学中心，最近一财年营收高达7.71亿美元。

新东方的业务体系是教育机构中相当完备的。雪球财经根据新东方CFO谢东萤在2011财年Q4电话会议里对新东方业务体系相对完整的阐述对其做了一个梳理（表3）。

（2）新东方运营数据分析

从2006年上市到2012年，新东方的营收由9800万美元增长6.84倍（7.71亿美元），年复合增长率41%，新东方商业模式是开店—招收—收费，所以推动营收增长要看几个要素：（1）教学中心数；（2）注册学员数；（3）收费价格；（4）教学中心利用率。见图3。

（3）新东方成本结构分析

由表4可见影响新东方利润率的主要因素是行政管理费用

新东方2011财年《2010年5月31日到2011年5月31日》营收构成　表3

项目	营收（亿$）	增长率	营收占比	入学人数（万）	增长率
留学考试	1.66	55%	29.75%	31.7	23%
优能中学	1.16	70%	20.79%	47.28	30%
泡泡少儿	0.77	49%	13.80%	58.15	34%
大学考试培训	0.41	8%	7.35%	38.43	−1%
英语培训	0.57	16%	10.22%	24.33	−12%
前途出国	0.23	119%	4.12%	—	—
图书及其他	0.49	46%	8.78%	—	—
总计	5.29		94.82%		

2011财年总营收为$5.579亿，多出来2890万估计为考研等其他营收

注：本表资料来源为雪球财经（imeigu.com）。

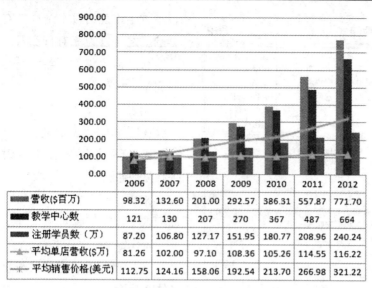

图3 新东方2006-2012财年运营数据

（来源：雪球财经）

	2006	2007	2008	2009	2010	2011	2012
营收($百万)	98.32	132.60	201.00	292.57	386.31	557.87	771.70
教学中心数	121	130	207	270	367	487	664
注册学员数（万）	87.20	106.80	127.17	151.95	180.77	208.96	240.24
平均单店营收($万)	81.26	102.00	97.10	108.36	105.26	114.55	116.22
平均销售价格(美元)	112.75	124.16	158.06	192.54	213.70	266.98	321.22

（4）新东方现金流状况分析

国内教育培训行业均采用预收款的方式，消费者先付费后享受服务，所以教育培训机构有着较好的现金流和大额预收账款（递延收入）。预收款意味着账上的现金增加了，未来一段时间内的收入也有了保障；在一定程度上，预收款的多寡反映了企业的销售能力和消费者对品牌的信赖度。

如图4，新东方递延收入随营收增长而增长，账上现金非常充裕，对于现金的使用，

的高企，这和新东方近年的转型有关，由大班模式向精品小班、1对1个性化转型以及K12业务营收比例提高以后，新东方相对此前需要更多的人力投入。新东方2011财年员工增加3662个，2012财年更是新增近1.5万个员工，而且全职教师数也更多，导致2012财年行政管理费用大增51.68%至2.36亿美元，员工平均产出相应由3.92万美元降低到2.66万美元。

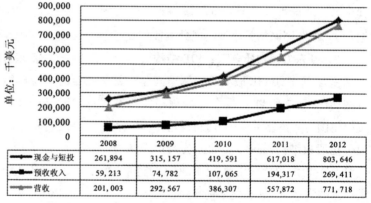

	2008	2009	2010	2011	2012
现金与短投	261,894	315,157	419,591	617,018	803,646
预收收入	59,213	74,782	107,065	194,317	269,411
营收	201,003	292,567	386,307	557,872	771,718

图4 新东方现金及预收变化趋势

（来源：雪球财经）

新东方2006~2012财年成本结构 表4

单位（百万美元）	2006	2007	2008	2009	2010	2011	2012
营收成本	40.962	53.744	77.219	112.011	147.261	222.625	304.027
营收占比	41.66%	40.53%	38.42%	38.29%	38.12%	39.91%	39.40%
总运营费用	49.171	52.767	78.449	119.636	161.732	239.746	350.894
营收占比	50.01%	39.79%	39.03%	40.89%	41.87%	42.98%	45.47%
市场营销费用	10.483	16.549	25.617	38.947	58.396	82.797	115.151
营收占比	10.66%	12.48%	12.74%	13.31%	15.12%	14.84%	14.92%
管理行政费用	38.688	36.218	52.832	80.689	103.336	155.412	235.743
营收占比	39.35%	27.31%	26.28%	27.58%	26.75%	27.86%	30.55%

注：本表资料来源为雪球财经（imeigu.com）。

新东方比较保守。

（5）新东方市盈率分析

如表5所示，目前，在美上市的其他5家中国教育公司的平均市盈率是28.46倍，美国教育类公司（按市值排前9家）的平均市盈率为18.73倍。与国外教育类公司相比，新东方成长性要高很多；与国内教育类公司相比，新东方竞争力最强，是中国教育培训龙头，而且即使体量相对已经很大仍然保持一定成长性，在未来行业集中度有提升的趋势下将更加受益。

（四）对新东方的总结

这是一个制衡与集权的问题。从西方式思维角度来说，在一个公司管理运营中，他们更偏好有权力的制衡，因此，他们对"VIE股权100%转移到俞敏洪控制的实体下"极度质疑。并且，以美国为首的西方市场经济国家一直对中国的市场经济抱有怀疑甚至否定态度，在税收上的减免等政府干预甚至让浑水质疑新东方是国营机构。而此前中概股企业的财务粉饰作假等也让市场对其抱有三分戒备。

中美教育类公司市盈率　表5

中国教育类公司	市盈率
安博教育	60
学大教育	41.14
学而思	23.62
弘成教育	22.61
双威教育	13.68
ATA	9.74
平均	28.46
中国教育类公司	市盈率
培生	10.61
麦格劳－希尔	16.92
阿波罗	7.48
华盛顿邮报	25.26
德弗里教育	9.43
ITT教育服务	5.33
Strayer Education	12.55
大峡谷教育	16.3
K12国际学校	64.74
平均	18.73

注：本表资料来源为雪球财经（imeigu.com）。

而从新东方角度，VIE结构的变化是为了让公司治理更有效率，俞敏洪企图用自身良好道德品质来规避独权下的巨大风险，这在西方世界是行不通的。

新东方的现状是新东方集团的股价仍未恢复做空前水平，但由市场信心上来看，新东方的反做空是初步成功的。下面来总结一下新东方反做空的措施以及成功的原因。

四、新东方应对做空机制及成功原因分析

7月20日，俞敏洪首度回应"浑水摸俞"，并回应浑水公司质疑，成功应对其做空，图5是新东方近一年股价走势图。总结新东方成功应对浑水公司做空机制的措施，有以下两点。

（一）回购股票

董事会主席俞敏洪等高管以个人资金购买新东方5000万美元美国存托股票（ADS），并承诺未来6个月内不会出售所持新东方股票。这一措施表明董事会对新东方企业的信心。

分析：在美国法律允许的情况下，新东方董事会回购新东方流通在外的股票，一方面减少了股票的供给，从供需上降低股价进一步下跌的可能；另一方面，向外界透露董事会对新东方企业有信心，主要是稳住重要机构投资者。

（二）配合调查

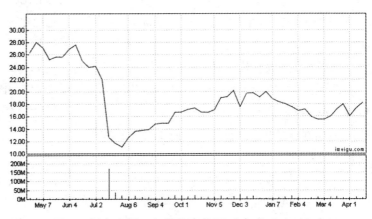

图5　新东方近一年股价走势图（来源 雪球财经）

公司董事会成立特别独立委员会，对浑水报告中的各种指控进行独立评估。新东方认为浑水的报告有许多事实性的错误，误导性的猜测和恶意的解读。为了向股东展示公司最大的透明度，该公司董事会决定成立独立特别委员会以应对指控，在接受调查期间，新东方管理部门全力配合该委员会。

分析：新东方积极配合SEC的脱光式调查，新东方历年来涉及股权的几千份合同全部翻译成英文；高管的电脑硬盘文件与电邮（包括已删除的）都被拷贝进行分析。新东方向外界传递出极力配合的姿态，有种身正不怕影子斜的气魄。新东方的做法让信息透明化，从SEC调查后得到的信息更具有权威性，如果最后证明新东方的VIE并没有损害投资人的利益，对新东方是一个有分量的利好消息。

五、中概股企业应对做空时的建议

通过对新东方成功应对浑水公司做空的案例分析，笔者总结成功应对恶意做空的措施，为中概股提供借鉴意义。

（一）李开复对中概股的应对做空建议

面对美国浑水公司等对有关中国概念股的做空，中概股如何应对，李开复提出过七点建议：

一是中概股企业对财务要非常谨慎；

二是理解国外上市公司法律，谨守国内法律；

三是雇一流有经验的 investor relations 负责人；

四是高度重视机构投资者；

五是及时用英语回复质疑，同时运用网站、邮件、Twitter 等；

六是到美国法庭起诉，让他们知道造谣是有代价的；

七是重视外媒关系。

（二）中概股应对做空的一般性建议

根据新东方初步成功应对浑水公司的质疑

与做空，以及之前恒大、分众、奇虎360等的成功经验，加之李开复的合理建议，归纳总结出中概股应对做空的五条一般性建议。

1、掌握海外资本市场的法律法规和监管要求，做到合规合法

境外资本市场"全民监管"模式，使得一旦上市公司有任何瑕疵，包括对冲基金和个人投资者在内的做空者，以及媒体、会计师事务所、律师事务所都会提出相关质疑。如果公司应对不力，交易所就会将其停牌或摘牌。因此中概股企业企业董事和高级管理人员要充分了解英美法系的法律精神，避免因法规不熟悉而招致不必要的损失。

2、严格履行信息披露业务，大力提高企业的透明度与规范性

信息披露制度一直是美国证券法律的核心制度。中概股企业应做好内外部信息披露。如与投资者、美国SEC、纽约证交所等有充分的信息沟通，确保真实、准确、完整、及时、公平地披露信息。此次新东方招致做空风波的部分原因是其对调整VIE后没有及时披露。

3、主动采取回应反击措施，尽力化解做空风险

众多的中概股在遭遇猎杀后选择沉默，招致股价大跌、被强制退市等负面影响。像新东方、恒大、奇虎360等选择了主动反击，较为成功地化解了做空风险。在应对做空中概股时，首先应建立企业诚信理念和规范运作意识，反躬自省，再主动迎战，化解危机。

4、进一步加强中美证券监管双边合作，有效遏制中国在美上市公司的违法违规行为

2012年7月，中国国务院副总理王岐山在北京会见SEC主席玛丽·夏皮罗，被普遍解读为谈判5年的中美监管机构的跨境审计监管协议有望达成。因此，应本着"平等、互惠"的原则，防范和化解相关法律风险。

5、借助PPP策略或并购方式"以退为进"，

在新的平台重塑企业价值

上市企业退市存在不小风险，如对回购资金需求量大，复杂的退市程序，可能面临集体诉讼风险，以及退市后再上市面临较大的不确定性等，但是公司私有化退市的好处亦十分明显：第一，摆脱公共企业监管束缚，着手实施公司战略调整；第二，摆脱股价持续低迷困境，直接增加股东财富价值；第三，摆脱上市融资功能退化，借道私有化寻求再次上市。企业借助投资机构的支持，采取"上市—退市—再上市"策略（PPP策略），通过先收购在外流通股进行私有化退市，转变企业架构后，在异地高估值市场谋求再次上市，除了企业可以进行战略调整外，投资机构亦获得可观的溢价率；第四，摆脱高昂的上市成本压力，提供管理层合理报酬激励。🔘

参考文献

[1] 王峰娟，代英昌.为何在美中国概念股频遭做空.财务与会计（理财版），2011(09).

[2] 林坤.做空"中概股".新经济导刊，2012(1-2).

[3] "中概股"失宠华尔街.商周刊，2011(12).

[4] 谢长艳.中概股华尔街遭遇"滑铁卢".经济，2012(06).

[5] 邱永红.中国企业赴美国上市的法律风险和对策.法学论坛，2012(03).

[6] 陈彬，刘会军.什么样的公司有财务造假嫌疑——来自香橼公司和浑水公司的启示.证券市场导报，2012(07).

参考网站

[1] http://tech.sina.com.cn/i/2012-07-19/08497405475.shtml

[2] http://www.21cbh.com/HTML/2012-7-18/4ONDEzXzQ3NzA4OQ.html

[3] http://news.imeigu.com/a/1342579674734.html

[4] http://www.donews.com/net/201207/1349868.html

[5] http://tech.sina.com.cn/i/2012-07-30/14237444707_2.shtml

[6] http://tech.sina.com.cn/i/2012-07-20/04187409420.shtml

[7] http://tech.sina.com.cn/i/2012-07-19/19367407168.shtml

（上接第27页）

参考文献

[1] 寇明婷，卢新生.SVAR模型框架下的货币政策操作与股票价格波动——基于1998～2010年月度数据的实证分析.山西财经大学学报，2011(08).

[2] 臧微.宏观经济统计数据对股票市场收益及波动性的影响.中国经贸导刊，2010(12).

[3] 王曦，邹文理.货币政策对股票市场的冲击.统计研究，2011(12).

[4] 胡金焱，郭峰.货币政策对股票市场的非对称影响研究——基于不同市场态势的实证分析.理论学刊，2012(08).

[5] 胡龙.我国货币政策对股票市场的影响力研究.金融教学与研究，2012(05).

[6] 余澳，李恒.我国货币政策对股票市场影响的有效性分析.四川大学学报（哲学社会科学版），2012(03).

[7] 封婷.我国货币政策对股票市场的影响分析.财会通讯，2011(05).

[8] 王维，王晓元，赵红翠.我国货币政策对股票市场的影响——基于时变参数状态空间模型的实证研究.中国外资，2012(3)下.

[9] 顾青，夏叶.简评国家宏观经济政策对股票市场的影响.经济研究导刊，2008(06).

[10] 刘火晁，松杨溢.货币政策对股票市场的影响实证与方法.经济管理（新管理），2003(22).

赴澳投资应注意的风险问题

许 开 亮

(对外经济贸易大学，北京 100029)

澳大利亚政治社会稳定，法律制度健全，金融体系规范，政策透明度高，市场经济较发达，国民经济连续 21 年保持正增长。同时，澳大利亚地广人稀，拥有丰富的能源和矿产资源，其中铁矿石、铝土矿、煤等蕴藏量位居世界前列，铀矿、镍矿、金矿、铜矿、石油、天然气、稀土等矿藏也非常丰富。这些经济、政治、社会和自然资源条件为澳大利亚吸引外国投资奠定了良好的基础。此外，澳大利亚本国资本严重不足，长期需要外国投资促进国民经济发展和开发能矿资源。多年来，澳大利亚一直保持净资本进口国的地位，外国投资为澳大利亚国民经济增长和民生改善做出了重要贡献。2009 年前后，中国企业在澳大利亚的投资呈现明显上升趋势，不仅创造了中国对澳大利亚投资的新纪录，而且也领先于除美国以外的其他国家在同一时期的对澳投资。

但是，在看到中国企业赴澳投资数量上的显著增长的同时，我们也应该注意到中国企业尤其是"国字号"企业在澳大利亚投资的屡次失败或亏损。如 2008 年，中国中铁的 10 亿澳元结构性存款由于澳元贬值亏损 19.39 亿元；同年中信泰富在澳大利亚建一个铁矿石项目亏损 155 亿港元；2010 年 6 月，中钢集团在澳大利亚铁矿石项目暂停；2011 年 7 月初，中铝宣布澳大利亚昆士兰奥鲁昆铝土矿资源开发项目最终告吹，项目损失高达 3.4 亿元；紫金矿业在

2013 年 3 月初发布的一份公告显示，其在澳大利亚证券交易所上市的控股子公司诺顿金田有限公司出现亏损，2012 年净利润下降 465.4%，累计亏损 1510 万澳元。

导致中国企业赴澳投资亏损案例的出现有着多方面的原因，包括法律、文化、市场等因素。本文着重从政策和政治两个角度来谈谈中国企业赴澳投资时应该注意的政策风险和政治风险。

一、政策风险

企业在"走出去"的过程中往往更加注重对常见的法律风险、市场风险等的防范，然而本文所谈的投资东道国澳大利亚，其特殊性就在于它是一个典型的资源丰富型国家，中国企业赴澳投资业大多集中在矿产等资源领域，因此企业也就自然不能忽视东道国关于其能源资源领域的一些重大政策变化。

澳大利亚政府定于 2012 年 7 月开征的 30% 资源税以弥补其财政赤字。据巴克莱银行的一份报告，实行新税制后，澳大利亚资源行业的有效资源税率一举从原来的 38% 跃至 58%，成为世界上税收最高的国家，紧随其后的是美国和巴西，有效税率分别为 40% 和 38%。

澳政府的"资源超额利润税"计划，令很多在澳有投资的中国企业，将被迫面临成本上升的风险，不得不重新评估原有投资项目。在澳大利亚出台征收资源税的计划后，宝钢、鞍钢、

中钢等在澳大利亚有资源投资的公司纷纷表示正在分析评估澳大利亚资源税新政对澳大利亚投资项目的影响，并预计会对公司的投资项目成本产生影响。一位有着多年经验的国内铁矿石贸易商在得知澳政府的资源税征收议案是表示，"这一资源税的征收，影响最大的就是新建矿山。新建项目的经济性和盈利能力会大幅下降，回报会降低，银行、投资方对此会有所顾虑。长期来看将影响企业的投资意愿。"

由于在澳政府开征资源税之时正是中国企业纷纷赴澳投资的当口，征收资源税也将增加企业投资的风险，对投资回报率产生影响。2010年6月30日，中铝宣布终止在澳大利亚昆士兰州的奥鲁昆铝土矿资源开发项目，成为首个在资源税政策宣布后被中国企业终止的项目，原因是"全球铝工业市场状况发生了显著不利的变化。在开发协议框架下，奥鲁昆项目由于受到诸多不利因素的制约而无法继续进行。" 即使不考虑资源税征收的影响，近年来要到澳大利亚投资矿业也是愈加困难。一直致力于海外矿山收购的紫金矿业就是因为在收购澳大利亚的一个铜金矿上遇到了阻碍。尽管多次延长收购期限，但"由于要约收购若干先决条件尚未完成，考虑到完成收购仍持续存在不可预期及不确定性"，紫金矿业最终还是决定不再延长其全资子公司金蕴矿业向澳大利亚 Indophil 公司所有普通股作出场外现金要约收购的要约期。

然而，继资源税后，澳大利亚政府又计划在全国范围内开征碳排放税，这很可能再次抬高国内企业赴澳投资矿业等能源企业的成本。根据澳大利亚政府公布的碳税政策的相关细节，2012年7月1日起向其国内500家碳排量最多的公司征收碳排放税，每吨征收23澳元，并逐年提高 2.5% 直到2015年。之后，碳排放税政策将引入浮动税率，政府将控制每年发放的排放许可量并为碳税定价设定上限和下限。届时，碳排放企业可以从国际碳市场购买排放许可。

中铝作为最大单一股东的力拓曾发布声明称：碳关税将导致澳大利亚出口商的运营成本上升，尤其是在铝、煤炭和矿石领域。

澳大利亚政府在资源税以及碳排放税表明，即使在这个自由、民主的发达国家，政策风险也已经大幅提升。赴澳投资的政策风险需要重估，因为正如我们在前文所看到的，在矿产资源需求大增、大幅涨价的背景下，澳大利亚的政策风向已经发生改变，中国赴澳投资企业对此不得不引起高度重视。

二、政治风险

在中国投资者心目中，澳大利亚社会安定，居民富庶友善，是赴海外投资置业的上乘选择，与近期发生严重动荡局势的中东、北非相比，二者投资环境可谓天壤之别。谈到企业海外投资的政治性风险，似乎只有在中东、北非这样的地区才值得提防。然而，从中铝增持力拓失败这一案例便可窥见赴澳投资的政治性风险仍然不可小觑。

2009年中国最大一宗海外并购案中铝收购力拓由于力拓的毁约而宣告结束。在中铝增持力拓交易中，政治性风险从一开始就如影随形。以中铝和其他中国企业接二连三大举投资澳大利亚资源为借口，反对党政客在澳大利亚政坛掀起了罕见的中国投资风潮，借助媒体大肆宣扬在澳大利亚人民与国家财富的婚姻里，工党政府和中国暧昧不清，时任陆克文总理及其阁员的私人交往也被拿到有色放大镜下无限上纲。尽管西方媒体一贯指责中国海外投资，特别是对发展中国家的投资没有如同西方投资那样附加政治先决条件，因而政治上不正确，但这并不妨碍中国投资成为2009年以来一段时期澳大利亚政坛的头号热门话题。如果仅仅是少数政客炒作而没有在民间引起广泛共鸣那倒也罢了，令人担忧的是情况恰恰相反。任何国家重大战略性资源引进外资交易都有可能引起公众不安，引发政治上的反对，这本属正常；不正常的是值此经济危机席卷全球之际，中铝增持本来是力拓的救命稻草，澳大利亚民间对这笔交易的反对竟然如此广泛。澳大利亚新闻民意调查公司4月初的民意调查结果显示，受调查者中反对准许中铝增持力拓股份至18%的竟高达59%，理由是老生常谈的担心中国通过央企最终控制澳大利亚资源。

在安邦高端产品《策略研究》2010年5月号的一篇文章中，梳理了近几年中国外向型投资的相关信息，发现澳大利亚是中国非债券投资的最大终点站，5年间累计达298亿美元。而且，中国的对澳投资（含失败的收购）绝大多数集中在金属和采矿业，占总数的69%。但是，在中国对外投资受挫的地理分布中，澳大利亚同样以272亿美元的投资金额高居榜首，显然澳大利亚对中国资金的大举进入早已有不安和警惕。中国投资短时间蜂拥进入澳大利亚的结果，已经导致澳大利亚国内出现了猜疑情绪，从而触发了来自澳大利亚政坛的政治压力。"中资风波"之所以能够占据澳大利亚政坛话题头条，背后是澳大利亚国内外关于该国国家定位和发展战略选择之争。这种事关国家根本的争执，应对起来就要艰巨得多，外部势力的卷入、操纵将使事态进一步复杂化。本来，澳大利亚与我国经贸关系发展迅速，且其基础设施优越，能够为我国提供大量所需资源，又正在与我国谈判区域自由贸易协定；在中国海外直接投资发展史上，澳大利亚这个东道国的特点也一向是吸收中国大型投资项目，而且主要集中于初级产品的开发和初加工领域。问题是某些势力多年来一直企图组织以美、英为核心的"遏制中国"行列，而要更好地实施这一战略，他们需要澳大利亚作为太平洋西岸的"超级航空母舰"。为此，从各个方面挑拨澳大利亚与中国的关系也就成了他们的必然选择，他们对国际媒体界话语权力的控制又令他们得以自如施展

这一策略。

有鉴于以上所述的澳大利亚国内潜藏的政治风险，我国赴澳投资企业必须审慎评估，合理应对：首先，我们必须保持本国的主体性，我国企业不可能完全放弃追求优质资产；其次，我们的对外投资必须确保条件底线，包括持股比例、董事会席位、日常经营管理的参与权力、收益分享比例等；再次，我们需要充分利用东道国地方政府欢迎中国投资的机会；最后，我们自身也必须改善企业的行为方式，以免过分加大我们的政治性风险。

三、小结

资源税、碳排放税、中铝增持力拓案，再加上澳大利亚政坛对华难以捉摸的态度，这些因素将加大中国企业未来在澳大利亚投资的政策和政治风险，身在市场第一线的中国企业要对这些因素进行仔细评估，以最大限度地保证在澳投资安全。⑥

参考文献

[1] 王道军．中企赴澳投资的烦恼．东方早报．2011 (07).

[2] 李景卫．矿产资源租赁税推高中企赴澳投资成本．中国土地资源报．2011 (03)

[3] 梅新育．从中铝增持力拓失败看投资澳大利亚的政治风险．中国经贸．2009 (07).

[4] 权睿学，王红霞．中国国有资本在澳投资案例．国际市场．2011（08）.

中国城投债的现状、风险与机遇

张 水 漾

(对外经济贸易大学国际经贸学院，北京 100029)

1994 年启动的分税制改革，导致地方财政收入大幅下降，再加上经济建设的加速，使地方财政缺口不断扩大。城投债正是这样背景下的特殊产物。城投债作为地方政府有效的融资手段，为城市的发展和民生的建设做出了巨大贡献。近年来城投债已经在经济建设和资本市场两个领域中都占据了重要地位。2013 年仅第一季度城投债就发行了 231 期，发行总额为 2831.2 亿元，相当于 2012 年全年的 33%。然而，由于缺乏有效的监管机制，伴随着规模的不断扩张，城投债的风险也不断加剧。本文对我国城投债的发展现状、面临的风险以及机遇进行了分析，并据此提出了政策建议。

一、我国城投债的产生与概况

（一）城投债的定义

城投债被称为"准市政债"，是分税制下地方政府为筹集地区建设资金而通过设立具有独立法律地位的投融资公司或市政企业并以之为发行主体向社会公众募集资金的债务融资工具，目前是介于标准意义上的企业债和中央代发的地方政府债之间的信用品种，是借企业债之壳行市政债之实，但未来将更类似于"收益债券"，以盈利的项目为载体进行公开市场融资。

（二）城投债的产生

自 1994 年分税制改革之后，地方财政收入占财政收入总数的比例从 1993 年的大于 70%，骤然降低为 50% 左右。中国正处于城市化过程的关键时期，需要地方政府投入大量资金用于城市基础设施建设，地方政府财政缺口逐年扩大，到 2012 年已经达到了 45870.12 亿元。地方政府面临较大的资金缺口，《预算法》又明确规定地方政府不得通过发行债券融资，地方政府便采取各种变通的方式来举债融资。城投债正是在这诸多因素共同作用下产生的，是我国目前财政体制和经济环境下一种特有的金融产品。

1、我国城投债的概况

自 2002 年至 2013 年 3 月底，我国累计发行城投债 1581 期，募集资金共计 20473.90 亿元。其中，城投类企业债 976 期，占比 61.85%；城投类中期票据 415 期，占比 26.30%；城投类短期融资券 146 期，占比 9.25%；城投类公司债 29 期，占比 1.84%；城投类资产支持证券 10 期，占比 0.63%；城投类可分离转债存债 2 期占比 0.13%。六种债券融资工具发行期数占比如图 1 所示。从图中可以看出，我国的城投债以城投类企业债为主，其次是城投类中期票据。

我国城投债的发展大致可以分为三个阶段：

（1）起步阶段

城投债的发展经历了漫长的起步阶段。此阶段的城投债均为城投类企业债券，发行总额较低。早在 1993 年，上海市政府为发展市政建

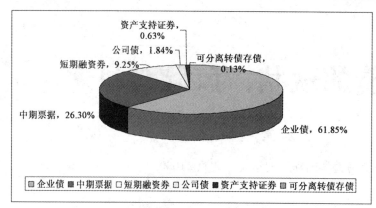

图1 城投债融资工具发行期数占比

（数据来源：wind 资讯）

设，授权上海市城市建设投资开发公司发行了总额为 5 亿元、票面利率 10.5% 的两年期债券。该债券成为中国第一支城投债。直到 2005 年，城投债的发行主体所属地域仅限于直辖市和大型省会城市，发行数量和规模都非常有限。

（2）发展阶段

2005 年后，政府调低了企业债券的发行门槛，促进了城投债的进一步发展。2005 年 7 月上海城投总公司发行了总额 30 亿元的地方企业债，规模之大开创了城投债发行的先河。此后，城投债逐步成为企业债的重要品种，2008 年，城投债共发行 421 亿元。这一阶段，城投债主要为城投类企业债券与城投债短期融资券。

（3）高速发展阶段

在 2009 年之后，国家实施积极的财政政策，地方政府为响应中央号召，也加大了基础设施投资，城投债得到了大力的发展。这一阶段，城投债主要为城投类企业债券。2009 年，全国共发行城投债 140 期，发行金额 2469 亿元；2010 年，全国共发行城投债 151 期，发行金额 2122 亿元；2011 年，全

国共发行城投债 224 期，发行金额 3012.3 亿元。2012 年，我国城投债的发行更是有了迅猛的增长，全年共发行城投债 738 期，发行总额达到了 8740.9 亿元，是 2011 年发行总额的近 3 倍。而 2013 年仅第一季度就发行城投债 231 期，发行总额为 2831.2 亿元，达到了 2012 年全年的 33% 如图 3 所示。

2、我国城投债的主要特征

从我国城投债的产生和发展过程来看，我国城投债具有以下特点：

（1）城投债总体发行额度偏低

2009 年伊始，财政部为解决地方政府融资问题，开启了代理地方政府发行债券的工作，加之地方城投公司发行的城投债，可以统称为我国"准市政债券"。从图 3 中可以看到，相比于美国，我国作为准市政债券的城投债，发行总额较低，前景较为乐观。

（2）城投债发行区域集中，地区分布不平衡

城投债发行区域集中在江苏、浙江、安徽、上海和重庆等地区，这五大地区的城投债

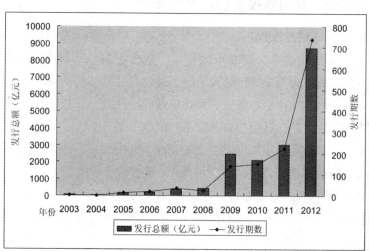

图2 我国历年城投债发行总额与发行期数

（数据来源：wind 资讯）

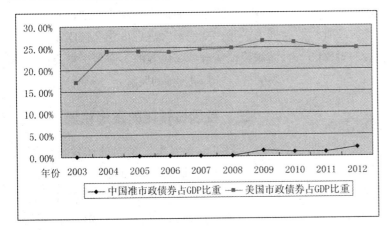

图3　中国准市政债券占GDP比重与美国市政债券占GDP比重

（数据来源：wind资讯）

发行规模总和已超过全国城投债发行总规模的59%。经济不发达地区由于经济发展落后，融资平台财务经营状况较差，较难符合目前企业债券发行设立的门槛，难以快速从债券市场实现融资。同时，城投债这种模式在地方政府融资活动中所占的地位和蔓延速度，与地方政府的意愿和安排有很大关系。

（3）具有明显的政府行为特征

尽管城投债是以企业债券的面目出现的，但是城投债发行主体一般由地方政府100%控股，其债券发行计划在相当大程度上是由地方政府制定的。筹集的资金投向大多为当地政府主导的地方基础设施和公用事业建设项目。地方政府为城投债提供偿还资金来源，以当地政府财政收入为主，并形成了对债券的隐性担保。因此，城投债的发行并非纯粹的企业行为，而是带有很强的政府行为的特征。

二、我国城投债的风险研究

（一）地方政府风险

地方政府的风险一是地方政府对城投债的隐形担保并不具备法律意义上的担保作用，因

为法律规定国家机关不得作为担保人提供保证担保；二是城投债年限较长，当经历政府换届后，下届政府还款意愿如何直接影响城投债信用；三是城投债的履约较大程度上依靠当地财政收入，地方经济发展和财政收入是影响城投债偿还的重要因素。

如表1所示，从2003年起，我国地方政府的财政缺口不断攀升，2012年度，地方财政缺口已经达到近4.6万亿元，地方政府债务问题值得关注，而城投债作为由地方财政提供隐性担保的债务融资工具，其信用风险随着地方财政风险的加大而加大。

我国历年地方财政收支缺口（单位：亿元）　表1

年份	地方财政收入	地方财政支出	地方财政缺口
2003	9849.98	17229.85	7379.87
2004	11893.37	20592.81	8699.44
2005	15100.76	25154.31	10053.55
2006	18303.58	30431.33	12127.75
2007	23572.62	38339.29	14766.67
2008	28649.79	49248.49	20598.70
2009	32602.59	61044.14	28441.55
2010	40613.04	73884.43	33271.39
2011	52547.11	92733.68	40186.57
2012	61077.33	106947.45	45870.12

＊本表数据来源：wind资讯

（二）委托代理风险

城投公司作为地方政府重要的融资平台，受地方政府的委托，不仅为地方政府融资，而且担负着经营地方资产，获得盈利并偿还相关债务的责任。因此，地方政府可以理解成城投公司的股东，由地方财政局出资设立城投公司，委托城投公司的经营者来管理政府旗下资产。城投公司同时作为一个企业，大多会有比较完善的法人治

理结构,而财政局作为委托人,监管着整个城投公司的运营情况。但是作为委托人的地方政府,并不能观察到代理人的所有信息,存在非对称信息,由此便衍生出委托代理风险。

(三)信用评级风险

由于有地方政府的大力支持与信用担保为依靠,城投债成为各信用评级机构竞相争取的"优质客户"。我国的评级机构在对城投公司进行主体评级时,主要考虑两个因素:第一,城投公司自身的资质与实力;第二,城投公司所在地的地方财政实力。而在具体实施过程中,评级机构出于维系市场份额、维护与地方行政部门关系等方面的考虑,可能会赋予后者过高的权重,提高对部分信用瑕疵的容忍度,出具"不够客观"的评级结果。这一方面导致城投债的主体信用级别高估,另一方面导致债券的融资成本与其真实的资信水平严重不匹配,将风险全部抛给了投资者。

(四)外部增信风险

我国城投债采用的增信方式分为内部增信方式和外部增信方式。外部增信主要分为两类:第三方担保和资产类担保。目前,城投企业的增信方式主要依靠财政收入直接进行担保、土地使用权抵押、应收账款质押、其他企业担保等增信方式,主要依靠政府信用为城投债的偿付提供保证,市场对各种增信方式的有效性认可不一,不仅加大了地方政府的债务风险,也使得城投公司不能有效提高债券等级,债券发行利率也偏高。

(五)信息披露制度不健全

首先,城投债信息披露的监管主体不明确。以城投类企业债券为例,目前审批由国家发展和改革委员会负责,债券定价由中国人民银行负责,相关参与的金融机构由银监会监管,而信息披露则由中国外汇交易中心以及中央国债登记公司共同监管,监管机构过多必然导致权责不明,监管力度不够,信息披露效率低下。

此外,债券主体的披露不同于股票,其披露周期为一年,有些重大信息可能会披露不及时。而城投债信息披露内容的不完善,重要信息的隐瞒都会加大城投债的风险。

三、我国城投债的发展机遇

从发展阶段来看,我国的城投债进程大约相当于美国市政债1948年到1952年的时期。2012年,中国准市政债券与GDP比值约为2.11%,而美国的市政债券占GDP比重则达到了24.79%,是我国的近12倍。因此,我国的城投债还有很大的发展空间。

(一)城市化进程中的资金需求巨大

目前,我国城市化水平不足50%,且东部和西部、沿海与内陆地区差异较大,无论是从城市化的"量"还是"质"来看,均落后于世界甚至东亚发展中国家平均水平。城市化发展是城市建设的过程,突出表现在道路交通、垃圾处理、电网热网等基础配套设施的建设上,而城市基础投资资金的缺乏、投资总量不足已成为现阶段我国城市建设的普遍问题。由此可见,一方面是城市化发展中地方政府对投资基础设施建设有强烈偏好与冲动,另一方面是地方政府财政收支不平衡导致城建资金缺口不断扩大。在此环境下,地方政府只能"借道"地方投融资平台弥补资金缺口。

(二)在地方融资平台贷款整治的大背景下,城投债成为地方政府融资的少数可行渠道

地方政府"借道"融资平台融资主要有两大渠道:一是银行贷款,二是城投债。目前,货币当局与监管机构正对各地融资平台贷款进行专项重点整治,地方政府通过平台获得银行贷款"输血"的通道已基本被关闭。相对而言,城投债作为一种在公开市场发行的债务工具,与银行贷款相比信息披露较为充分、流通转让市场相对健全、风险分布较为分散等优点,其发行的市场化程度较高,受监管当局影响较小。

四、我国城投债发展的政策建议

（一）进一步完善分税制

城投债是在我国分税制改革的背景下产生的，要规范并不断促进城投债发展就必须进一步完善分税制，这包括：

（1）进一步推进财政层级的扁平化

目前，我国五级财政、五级政府的框架与分税制在省级以下地方政府的落实之间，存在着不相容，这也是导致我国县级等地方基层财政困难无法得到有效解决的原因。为此，应当继续推行财政层级扁平化的改革，为分税制在省级以下地方政府的进一步实施创造条件，真正建立起与事权相匹配的地方财力保证机制。

（2）明确中央与地方政府之间的事权，合理划分中央与地方财权

目前，我国中央政府与地方政府之间事权仍然模糊不清，在公共事务上，中央政府存在着"越位"和"缺位"的现象，究其原因在于没有既定的法律规范。所以，应当用宪法或相关法律明确划分中央政府与地方政府的事权范围，增加中央支出的比重。从长远看，各级地方政府拥有独立的财权，不仅能使地方政府财权和事权相匹配，也是地方政府日后能够发行一般责任市政债券的前提条件。

（二）严格控制地方政府财政风险

首先，应全面统计政府负债规模，建立政府信用体系。城投债的本质特征就是与政府有着天然的联系，其债券信用与地方政府信用直接或间接相关，因此，准确评估地方政府的信用风险非常重要。建议我国统计机关可成立专门的部门负责各地区政府负债规模的统计，并形成一种制度定期向社会公布。

其次，加强地方政府财政的透明度，尤其是负债的透明度。地方政府财政中最难研究的地方就是数据不齐，可比指标不足，各地区按各地区算法计算，没有一个完整而统一的记账方式。增加数据透明度，不仅可以帮助评级机构准确评估地方政府的信用风险，也可以为未来市政债券的发展提供必要的数据基础。

（三）完善信用评级制度

信用评级能够提供市场信息，帮助投资者选择投资项目，减少投资风险，同时还是现代监管机制中非常有用的工具。因此，完善信用评级制度具有十分重要的意义。目前，我国可以通过多方面手段完善信用评级制度。第一，借鉴国外经验，通过立法改革现有的评级收费方式，确保评级机构的第三方独立性，防范因为利益驱使而导致的恶性竞争；第二，完善信用评级的信息披露制度，公开信用评级的具体过程和逻辑方法，使得投资者能够充分理解评级结果并做出自己的判断；第三，加强对评级机构的监管力度，建立评级结果问责机制，有效保护投资者的利益。

（四）丰富增信方式

我国可以借鉴西方国家的成熟经验，从以下几个方面来丰富我国城投债的增信方式。

发展债券保险。从美国的市政债券发展现状来看，债券保险制度对推动美国市政债券的发展、降低市政债券的风险起到重要作用。作为"准市政债券"的城投债，我们应该充分借鉴美国债券保险的经验，推动我国债券保险制度的发展。

全覆盖债券。全覆盖债券由于其动态的资产池以及对投资者利益的双重保护，能在一定程度上降低与国债之间的利差，而且全覆盖债券在设计中已经隐含了银行增信措施，因而，可以利用全覆盖债券来提升城投债信用等级，降低城投公司的融资成本。

成立专门的担保公司对城投债进行担保。虽然现行法律明确规定政府机构不能对贷款进行担保，但是城投公司在发行债券过程中，都隐含了政府担保。这就容易增加政府的或有负债，也不利于政企分开。因此，成立专门的担

保公司对城投公司发债进行担保，既可以使城投债有效增信，又可以降低政府或有负债，减少政府财务负担。

（五）健全信息披露机制

建立有效的信息披露机制，加强审计、会计和财务报告的真实性和有效性，充分发挥外部监督约束力量，可以有效地规范城投债市场的发展。这里所指的信息不仅包括城投公司的基本经营信息，更包括地方政府财政收支的信息、披露。在这两类信息中，必须指明的是，城投公司必须清晰地披露其募集资金所投项目的盈利模式，准确评估未来的盈利能力，如有必要可聘请专业的资产评估机构进行评估，并且详细说明城投公司的企业财务报表附注、重大事项、资产注入情况等；真实表述担保的债权债务关系及其合法性。此外，如能立法要求地方政府披露更详尽的地方财政数据和资产信息，则更能有效地解决信息不对称的问题。美国证交会早年就明确要求，市政债券的发行人和资金使用人要及时、定期地更新披露信息。我们可以借鉴美国的经验。⑤

参考文献

[1] 涂德君. 我国城投债市场发展的三个阶段 [J]. 中国债券，2010 (02).

[2] 梁赞. 我国分税制下地方政府投融资中的城投债问题研究 [R]. 复旦大学，2010.

[3] 吴杨，黄鹏. 兼谈我国发展市政债券的必要性及政策建议 [J]. 世界经济情况，2007(11).

[4] 孙辉. 中国准市政债券的特征及其成因分析 [J]. 金融研究，2004 (11).

[5] 宋立. 美国的市政债券及对我国的启示 [J]. 宏观经济管理，2004 (09).

[6] 刘尚希. 中国：市政收益债券的风险与防范 [J]. 管理世界，2005 (03).

[7] 贺春先. 城投债现状问题研究 [J]. 现代商贸工业，2011 (05).

[8] 张道刚. 地方政府融资平台之困 [J]. 决策，2010 (09).

（上接第37页）

[2] 袁晓澜. 绿地集团 领衔中国房企掘金海外. 新京报，2013-03-22.http://house.21cn.com/news/jishi/a/2013/0322/08/20764288.shtml

[3] 中国房地产企业试水海外市场. 世华财讯，2008-01-28.http://news.hexun.com/2008-01-28/103306801.html

[4] 中国房地产继续进军海外市场. 联合早报网，2012-02-14. http://www.soufun.com/news/2012-12-14/9183887.htm

[5] [今日观察] 透视日美贸易摩擦 艰难海外投资. 节目文稿集，2010-05-05. http://jingji.cntv.cn/program/jinriguancha/20100505/100027.shtml

[6] 中坤集团董事长黄怒波怒了. 京华时报，2011-1-02, http://finance.sina.com.cn/leadership/crz/20111202/085710923078.shtml

[7] 马可佳. 难抵海外投资及移民"诱惑" 中国地产商加速"出海". 第一财经日报，2011年12月23日. http://finance.eastmoney.com/news/1355,20111223184034888.html

[8] 开发商国外购地遭拒绝 海外投资需要谨慎. 中国经济时报，2011-12-01.http://news.cd.soufun.com/2011-12-01/6484009.htm

[9] 张小济. 到海外投资房产风险大. 中国房地产报，2013-03-25. http://sh.focus.cn/news/2013-03-25/3035815.html

[10] 中国开发商海外扩张 剑指国内买家，瞭望东方周刊，2013 年01月30日，http://house.ifeng.com/haiwai/detail_2013_01/30/21760519_0.shtml

[11] 林华. 中国地产商的海外梦. 中国外资，2008(03)

[12] 李琳. 中国地产商掘金海外楼市. 中国房地产金融，2007(12)

构建大监督体系
创新国有企业内部监督机制

赵元玲

（中建铁路建设有限公司，北京 100053）

在国有企业中，如何开展党风廉政建设和反腐败斗争，既是党的基层组织保持健康发展的政治课题，也是实现企业持续健康发展的实践课题。本文从国有企业内部监督机构纪检监察、审计、法务监督体系"双向联动，协同效应"出发阐述构建大监督机制，创新内部监督模式。

国有企业内部监督有监事会、纪检监察、内部审计等具有监督职能的专业部门，又包括党务公开、效能监察、内部控制测试、内部审计等多种监督形式。如何将这些监督资源进行有效整合，建立起企业内部协调统一的大监督体系，将其作为推进企业党风廉政建设和反腐败斗争的重要抓手，同时保障企业健康科学发展，值得我们进行深入的探讨和研究。本文结合国有企业构建纪检监察、审计、法务三大职能内部大监督体系的实践经验出发，发掘出一些有价值的经验和做法，论述创建大监督体系的重要意义和积极作用。

一、当前国有企业内部监督所面临的问题及原因

当前国有企业普遍存在各监督主体间各司其职、各行其事，监督资源分散、监督力度不大、监督地位不高、监督效果不明显等状况，尤其是纪检监察监督和内部审计监督两大监督体系。一直以来，受企业监督体制机制以及传统监督定位的影响，企业纪检监察、内部审计工作存在"三多三少"状况：事后监督多、事前监督少，被动监督多、主动监督少，专业监督多、协同监督少。往往是有举报了，造成损失了，受到司法追究了，纪检监察的信访初查、内部审计的管理审计、法律应诉等监督程序才启动，预防性监督做得少，过程监管不到位，预警措施缺失，监督机构间信息沟通缺乏，不仅监督资源没有实现共享，还存在不同监督机构重复监督检查情况，影响监督效率和效力，给基层工作带来负担，使基层疲于迎检。究其原因，主要有以下几点：

1、国有企业纪检监察组织的权限不明

国家现行的法律法规没有对国有企业纪检监察组织的职能及其权限作出界定，在实际工作中只能是参照国家机关纪检监察机构的相关权限执行，权限不明确。

2、监督制约体制不顺畅，不利于监督

在国有企业法人治理结构中，由党委、纪委、监事会、职代会、工会构成的监督体系，

与由股东大会、董事会、经营班子形成的经营决策系统,应是互为制约的关系。但在实际中,企业的各项活动往往更注重经营决策系统的运行,监督意识薄弱,监督系统显得软弱无力。

3、对监督工作重视不够,影响监督效能发挥

目前很多企业,尤其是"一把手",重经营、重业绩、轻监督,监督意识淡薄,甚至在主观上抵触"监督"。企业监督部门设置不健全,人员配置不到位,或者配置大量安置型人员,必要办公经费和条件也无法满足,监督部门在企业的地位不高,绩效考评、薪酬待遇和晋升通道都不理想,使监督部门形同虚设,事实上成为"冷宫",导致事实上的监督缺位。

4、国企纪检监察组织的机构设置不尽合理

目前,很多国有企业领导由于对监督认识的片面性,未能很好地从提升企业管理、增加企业价值角度认识监督职能,造成在纪检监察组织机构的设置上,没有从企业主要是进行生产经营活动这个本质特征和需要去考虑,只是单纯对应国家机关纪检监察机构的设置,只强调执法执纪职能,并将这一职能同经济审计、合同审查等重要职能分离开来,设置成单一专职纪律检查和监察机构。这样的设置形式不尽合理,没有真正体现出"量需而行"、"因地制宜",导致其执法执纪缺乏专业基础和技术支撑,不能很好地运用如内控测试、查阅各种账目、合同、档案等技术手段,工作势必会受到局限,职责和功能难以发挥。这有悖于监督机构设置的初衷。

5、管理层对纪检监察、内部审计监督缺乏正确的认识,阻碍了纪检监察、内部审计监督的开展

管理层多关注经营结果,不注重控制过程,而往往在出现问题后才想起内部审计、纪检监察,但已为时晚矣。监督价值未被普遍认识,

很多公司的经理层对内部审计的认识还仅仅停留在查错防弊、事后监管,对纪检监察则更是停留在违法违纪查处,所以内部审计工作都集中在财务领域,纪检监察工作集中在执法执纪,而未深入到管理和经营领域,导致监督工作难有很大作为和突破创新。

6、监察、审计监督信息不对称,缺少协同,削弱监督效力

内部审计在监督过程中更注重对企业经营管理的监督,没有对违法违纪案件线索的敏感性,即使发现一些线索证据,也出于谨慎考虑、部门限制等原因,信息沟通不顺畅,容易导致纪检监察监督无法及时跟进,削弱了监督效力。

针对上述在国有企业内部监督体系普遍存在的问题和原因,需要通过改革创新监督体系,构建大监督体系,充分发挥监督体系的监督服务效能,保障企业健康科学发展。

二、构建大监督体系

(一)大监督体系的概念

大监督体系是指在企业党委、纪委的统领下,以反腐倡廉、提高企业运作效率及防范企业经营风险为目标,将监督职能相近,手段互补的纪检监察、审计、法务三大职能协调统一,形成"三位一体"监管合力,合署办公,组成综合性职能部门,对相关责任人、财务账目、业务活动与违反党组织人事、廉洁自律规定、违反财经纪律、贪污贿赂行为等违法违纪行为进行全面监管,建立事前防范、事中监控到事后总结的操作运行机制,构建全方位、全过程、多层次的立体化大监督体系。

(二)构建大监督体系
1、设立组织机构体系

健全组织,加强领导,协调运行是保障内部监督正常开展的关键。首先,要建立高起点的领导机构,成立由企业党委书记为组长,纪委书记和主管领导组成的行政上隶属于董事会

的监督委员会，下设由监察审计等相关部门负责人组成的监督领导小组。领导小组下设办公室，由监察审计部门负责日常监督工作的组织协调。同时要求企业下属各基层单位建立健全相应的领导机构，形成横向到边、纵向到底、上下联动的监督网络。监督领导小组的设置能够确保企业全面统筹监督工作，反映企业决策层对企业内控工作的重视程度，同时也充分发挥了企业纪检工作机构的组织保障作用。

2、形成操作运行机制

以监督委员会为主导，建立起事前预防、事中监控到事后总结的操作运行机制。第一，通过签订党风廉政建设目标责任书、内部控制测试、物资设备采购招标监督管理、劳务队伍招标监督管理等方式对企业党风廉政建设、内部控制体系建设、生产管理等关键环节进行事前预防，从源头进行监督。第二，通过开展党务效能监督、效能监察、内控符合性测试、中期审计、专项审计、专项检查、信访举报等多种形式对企业"三重一大"集体决策制度落实、工程建设、物资采购、资产处置、设备维修、财务管理等重点领域进行监督，达到事中监控的目的。第三，通过离任审计、经济责任审计、竣工审计、案件查处等形式对企业经营管理过程发现的问题进行事后总结。通过纪检监察审计合署办公或在监督委员会的统一领导协调下进行协同办公等大监督体系的模式，将监察审计监督方式进行协调互补，形成事前预防、事中监控到事后总结的高效操作运行机制。

（三）大监督体系的作用

构建大监督体系有利于监督信息沟通、监督资源共享、监督效力提高，是深化企业监督机制，党风廉政建设和反腐败斗争的有力抓手，是企业加强、完善内部控制，持续健康发展的有力保障。

1、摆脱监督视野狭窄限制，促进监察、审计信息共享

从监察角度看，通过审计能及时发现各种违法违纪问题，掌握第一手资料，较为隐蔽地获取案件线索和证据材料；从审计角度看，通过监察审计法务等相关大监督体系部门联手，便于事前掌握群众举报信息，从泛泛地例行审计变为有重点、有目的、有针对性的审计，获取的审计信息更为清晰、具体，及时将带有规律性的情况或潜在问题反映给企业领导层，防范企业管理风险，为领导班子反腐败提供决策依据。

2、整合监督资源，发挥内部协调作用，提高监督效力

通过对企业监督资源的整合，监察、审计、法务合署办公，监察、审计、法务等监督职能在监督委员会的整体统筹安排下，协调统一联动办公，指挥各监督职能互补协同作战，达到"1＋1＞2"的监督效果。例如在内部审计过程中，可以及时对发现的审计问题进行判断，对其中的案件线索，能够快速进入到纪检程序，将内部审计过程中收集到的证据作为纪检监察案件处理证据收集的基础或部分有价值的资料，实现信息及时沟通、监督资源共享，协同联动开展工作，以便通过纪检程序及时查处违纪违法行为。同时对监督过程查处的相关问题提出各项整改建议。在大监督体系下，可以统一由监察审计部对整改建议落实情况进行整改过程跟踪再监督，提高监督效力，节约监督资源，发挥大监督体系的协同效应和联动作用。

三、构建大监督体系是对企业内部监督机制的创新性实践

（一）"双向联动，协同效应"内部大监督体系的产生、构成和运行

"双向联动，协同效应"内部监督体系是指在企业监督委员会的统领下，以反腐倡廉、提高企业运作效率及防范企业经营风险为目标，充分发挥纪检、审计、法务监督职能部门各自

的监督作用，协同作战，形成监管合力，对相关责任人、财务账目、业务活动等系统在事前预防、事中监督到事后总结的整个过程中构建起的全方位、全过程、多层次、立体化的监督体系。

下面以康佳企业实行的"三位一体"大监督机制为例，阐述大监督体系在内部监督管理方面所发挥的积极作用。康佳"三位一体"的内部监督体系是公司探索国有资本为主的企业纪检监察工作新途径的实践产物，也是康佳在市场经济改革大潮中，在一个充分竞争，甚至过度竞争的行业里适应竞争、赢得竞争的成功选择。

1、"三位一体"内部大监督体系首先是企业纪检监察工作的一种组织体系

纪委、审计、法务三个监督工作模块共同组成审计及法务中心这一综合性职能部门，康佳集团党委副书记兼纪委书记作为集团层面的领导直接分管该综合性职能部门，纪委副书记兼任该部门总监。这样的一个工作机构和职能安排能够确保企业从纪检监察、财务审计、法务管理三个不同的角度全面统筹监督工作。这样的组织体系设置反映了企业决策层对企业内控工作的重视程度，同时也充分发挥了企业纪检工作机构的组织协调作用。这样的安排既有利于监督部门分清各自的职责，避免工作中相互推诿，又有利于相互配合形成合力，提高监督效率。

2、"三位一体"内部大监督体系也是企业纪检监察工作的一种运行机制和工作方法

纪检监察是整个监督系统的中枢组织，起牵头和协调作用。审计是"侦察兵"，从管理和效益的角度出发，通过例行审计、专项审计、管理审计等对公司的财务运作和经营管理进行审计监督，及时发现问题，在对问题的定量方面发挥重要作用。法务是"参谋部"，从防范经营风险的角度参与监督工作，充分体现了"惩防并重，预防为主"的纪检工作思想；同时法务职能在对企业违纪、违规和违法现象的准确定性和依法打击处理方面也发挥着不可或缺的作用。

（二）"三位一体"内部大监督体系，是国有企业建立内部监督机制的创新性实践

中共中央在《建立健全教育、制度、监督并重的惩治和预防腐败体系实施纲要》中明确规定："充分发挥各监督主体的积极作用，提高监督的整体效能。综合运作多种监督形式，努力形成结构合理、配置科学、程序严密、制约有效的权力运行机制。"康佳集团针对监督工作"点多、线长、面广"的特点，构建的"三位一体"内部监督体系，有效整合监督资源，充分发挥纪检、法务、审计等关联机构的专业职能，协同开展工作，形成了监督合力，提高了监督效能。

法务职能被纳入进"三位一体"内部监督体系是一种创新。在传统上，法务部门是企业控制经营中法律风险的机构，在"三位一体"内部监督体系中，法务系统被创造性地赋予一部分监督功能，被安排到公司业务过程中参与业务监督。2004年6月1日开始实施的《国有企业法律顾问管理办法》指出："法律事务机构应当加强与企业财务、审计和监察等部门的协调和配合，建立健全企业内部各项监督机制。"这既是"三位一体"内部监督工作机制和方法将法务部门纳入其中的理论依据，也是党中央关于建立企业监督机制要求的创新实践。

四、构建大监督体系是应对内部监督问题的保障措施

面对目前各单位在监督管理方面的种种问题，如何找到一个切实可行的办法来提升和强化内部监督管理机制，真正发挥监督的作用和意义，是解决监督问题的关键。构建大监督体

系正是有效化解平时在监督管理工作中所要避免的重复监督，资源浪费、信息不通畅、各自为政，职能交叉等问题，因此大监督体系的建立是解决国有企业内部监督问题的重要保障措施。

（一）强化了对企业招标工作的监控，提高了企业经济效益

《康佳集团招标管理制度》明确规定了纪委、法务和审计部门在招标工作中的职责，实现了对招标工作的全程监督。随着业务的不断扩展，公司对招标管理办法进行了多次补充和整合，对九大类不同的招标采购模式进行模板化的设定，拓展和丰富招标的范围和方式，不断补充和完善相关招标管理制度。在"三位一体"内部监督机制的指引下，企业凡是遇到招标活动都能够自觉接受监督，企业每年举行招标活动200余次，"三位一体"内部监督体系的有效运行每年可为企业节约数亿元的预算资金，经济效益显著。

（二）完善了企业的制度和流程建设，提升了企业管理水平

"三位一体"内部监督体系发挥合力作用，纪委、审计、法务三个业务单元从不同角度提出问题，会同相关部门从制度层面对出现问题的原因进行全方位剖析，并对不合理的业务流程进行诊断和重新梳理，查漏补缺，促使企业各项规章制度和业务流程不断得到完善和优化，起到了优化制度和业务流程，提高运营效率和提升企业管理水平的作用。

（三）推动了企业党风廉政建设，强化了从业人员的廉洁从业监督

在"三位一体"内部监督工作体制下，纪委的监督工作由被动变为主动，真正做到了关口前移。审计和法务工作人员在对企业经营管理的监督检查中一旦发现违纪、违法线索，能够及时在"三位一体"监督体系中进行通报，由纪委统一协调，纪检人员按规定程序积极跟

进介入，避免了纪检机构前期介入容易引起违纪、违法人员警觉的不利因素，加大了惩治违纪、违法行为的力度，强化了对党员干部违纪、违法行为及非党员工作人员的监督效果，保障了企业的健康运营，确保了基层党组织的健康发展。

五、构建大监督体系保障了企业的健康运营，确保国有企业的健康发展

（一）构建大监督体系，推进国有企业党风廉政建设

1、开放监督思维，找准监督定位

现代企业制度下，为加大监督力度，增强监督威慑力，监察和审计工作应着力克服就监督而监督的狭隘认识，不仅要查漏补缺，更要注重标本兼治、综合治理、惩防并举、注重预防。要站在企业发展和管控的高度审视监察工作，把企业监督定位到顶层设计层面上，用战略管控、服务大局的眼光谋划监察审计工作，控制企业财务风险、经营风险、法律风险，实现自上而下的监督，最大限度地堵塞管理和流程中的漏洞，促进企业内控环境优化。要树立内控管理理念，以内部审计、效能监察、法律防范、风险防控等为抓手，提高领导干部的履职能力与水平，强化制度执行力，防范企业面临的风险。要树立从本质上解决问题理念。在思维方法上，要以点带面，能透过现象看到本质，通过显性问题挖掘隐性问题。通过对苗头性现象的解剖，发现问题源头，提出根本上解决问题的建议。在具体过程中，以个案为突破口，深入剖析深层次原因，把准脉博，从机制、制度上入手，进行预防和综合治理。系统性地梳理监督中存在的问题，通过一个特例、研究一项政策，推动一片工作，并将行之有效的做法固化为有形的制度，最终实现企业的"健康安全"，为建立科学长效合理管理机制奠定扎实的基础。

企业监督是一项系统的复杂工程，从投资

决策、资金运作到经营管理等，监督战线长，仅靠某一方面的力量是难以奏效的，要让企业生产经营处于健康运行可控循环状态之中，必须从完善法人治理结构角度，综合考虑企业性质、发展战略、文化理念和管理要求等因素，变革监督体制，构建"大监督"体系，实现两个协同。一是各监督主体监督职能的内部协同，发挥构建企业监事会、纪检监察、内部审计、法律事务等专职监督部门的联合监督作用。二是发挥集团层和二级单位层的联合监督力量，发挥特邀纪检监察员队伍的监督作用，使各监督主体围绕企业共同的监察目标，各司其职、协同跟进，构建相互制约、相互协调的大监督工作网络，实现内外、上下监督力量联动资源整合。如监事会、内部审计与法律事务机构及时将工作中发现的案件线索提供给纪检监察部门，纪检监察部门及时查处违纪违法行为，同时提出整改建议，再由内部审计部门、法律事务机构对整改建议落实情况进行再监督，通过横向、纵向的协同监督，形成有效监督的闭环系统。三是纪检监察部门与业务职能部门的协同，首先是在进行生产经营流程设置时，应充分考虑不同管理部门的职责定位及权限设置，合理设置内部职能机构，明确各机构的权利义务，避免职能交叉、缺失或权责过于集中。监察部门在职责履行上注意不能越俎代庖，代替职能部门履行业务管理职能，要做到坚持不越位、不越权、不揽功、不诿过，通过充分发挥各业务单元、监督主体的职能作用，达到不断规范企业经营管理的目的。再次是把监督理念渗透到企业生产经营的各个环节中去，融合到企业文化之中，使被监督主体正确看待监督，主动接受监督。

通过加强信息沟通，建立与业务管理部门的协作关系，实现信息对称，达到及时发现问题，有效纠正、预防的职能互补作用。为增强监督的独立性、权威性，国有企业纪检监察组织的双重领导体制应予以强化，国有企业纪检监察组织受企业党委和上级纪检监察组织的共同领导，且要以上级纪检监察组织的领导为主，特别是在人事任免、薪酬考核、查办案件等方面的领导，从组织体制上解决"平级监督难"的现实问题。

2、规范管理流程，完善相关制度

制度是监督的准绳和依据，企业监察的重要任务之一，就是督促规章制度的落实和有效执行，维护企业规章制度的严肃性，这是企业目标得以实现的重要保障。一是健全企业法人治理结构，完善企业"三重一大"（重大决策、重大项目投资、重要人事任免、大额资金的调度使用）决策制度，规范企业决策程序，杜绝决策风险；二是企业投资、资金、营销、项目建设等重点领域、关键环节的流程设置与制度建设；三是企业领导干部、重点领域人员的行为规范。以上制度要有相匹配的程序和操作机制，使制度既有明确的实施程序，又有严厉的责任追究办法，确保制度的可执行性和严肃性，用制度规范从业行为，形成按制度办事、用制度管权、靠制度管人的内部监督制约机制。同时，我们还应将制度根据需要适时进行定期修订，定期把规章制度实施过程中碰到的问题和不完善的流程进行梳理并优化，将日常规律性的流程上升为制度，完善制度体系。如监察部门与其他业务管理职能部门、下属单位的联席会议制度、联合督查制度，监督检查会商制度、情况通报制度、联合检查制度等等。形成职责明确、运转顺畅、协调有力的企业运营格局。有条件的要进行信息化管理，用科技手段规范管理、监督行为，将制度、流程纳入信息化轨道，减少权力自由裁量权，使之执行得更为规范，在制度层面上为企业构筑一道风险防控网。

3、深入基层组织，强化监督制约

要树立监督就是服务的理念。市场经济新形势下，企业会遇到许多新情况、新问题，企业纪检监察部门要当好企业发展的"守护神"，就是始终站在监督的角度，全面履行监督职责，做到企业的重点工作延伸到哪里，监察工作就跟进到哪里。增强工作的主动性，改变被动的"参与"角色，将工作重心前移，改变忙于事后查处的状况。每项监察工作都要明确监督内容，每一项监察都要提供详细的专项监督方案，每一项监察都要选择合适的监督方式。要突出重点事件和重要环节，集中监督力量全程介入。重要环节现场监督，如项目招标、现场审计等都是比较好的监督方式，可以对容易出现管理漏洞、发生违规违纪环节有的放矢地进行监督。对带有共性的问题深入剖析，查找企业经营的风险点，提出改进的措施和方法，督促有关单位和相关部门认真整改。

（二）构建大监督体系，创新纪检审计监督工作模式

大监督体系主要是指整合企业纪检监察、审计监督、法律监督、财务稽核、营销稽查、民主管理、舆论监督等监督资源，形成监督合力，通过内部监督与外部监督相结合、专业监督与综合监督相结合、群众监督与组织监督相结合，使监督工作渗透到生产经营管理的每一个环节，实现监督工作的全方位、全过程和全覆盖。

1、在纪检监督领域，切实强化三个载体

①以廉洁教育为载体，强化事前防范；

②以专项监督为载体，强化事中控制；

③以案件查办为载体，强化事后惩处。

中建铁路公司积极响应中建总公司推行的大监督体系，于2010年初成立了监察审计部，部门虽然成立不长，但在公司监督体系中发挥了应有的积极作用，主要体现在：

①齐抓共管，双重监督（党风廉政建设、预警机制），廉洁文化宣传教育工作；

②实施内部审计的风险内控管理机制；

③发挥效能监察过程监控，及时纠偏；

④整合资源共享，发挥优势互补。

2、大监督体系的管理创新模式——纪检监察、审计、法务合署办公

为适应企业管理创新，实行扁平化管理架构，同时为了进一步建立健全教育、制度、监督并重的惩治和预防腐败体系，促进公司的党风廉政建设，从源头上、过程中预防腐败。一些国有企业集团或下属公司在机构改革中进行了创新，实行纪检、监察、审计、法律合署办公的综合监督模式，联手对企业的财务和生产经营管理进行监督。

（1）监审法合一的目的

①对于一些规模不大的企业或本着优化资源高效办工，促使单位领导考虑集约化办公——"合并同类项"。随着管理创新的深入，把一些职能相近、工作性质相同的部门合署办公，尤其是实行监审合一，对加强企业财务和经营生产的监控管理，既有利于机构改革、缩编减员，减轻了单位负担，又提高了工作效率。

②"小账并大账"，财务一支笔监控乏力，促成单位领导强化财务监督筑"铁门坎"。财务审计职能由监察审计联合依法依纪依规执行，变监审脱节为监审法联手，便于内审外查和制度控制与纪律监督相结合。有利于财务监督和各种政策法规的落实，有利于强化纪律监督和审计监督的法制化。

③职能部门加大察审力度，促成单位领导强化财务监督设"铁岗哨"。内部审计与纪检监察、法律事务业务合三为一，依法制定《内部审计管理制度》，实行管审分离、监审联手、依法监督财务的模式，实行对干部进行离任审计或经济责任审计；对完工项目竣工审计和在建项目进行年度审计，监督单位进行大型采购公开招标，营造企业健康科学良好的管理氛围，树立公开公正透明的企业监督良好形象，根治了群众反映的暗箱操作中的"不明不白"的问题。

（2）监审法合一的重要意义

①"监审法合一"的监督模式顺应了改革

潮流。集政务公开、行政监察、财务审计、纪律监督、依法治企于一体的监督，对一个单位执行法律、行政运作、人事管理、资产使用、工作绩效等情况实施监察。这种有监察、审计和依法财务监督职能的机构模式，内设 A、B、C 三部。A 部主管行政监察，B 部主管内部审计，C 部提供法律援助，能较好地依法制约和促进制度落实。"监审法合一"可以说是顺应了依法治企科学发展的大势。

②"监审法合一"与审计系统落实国务院有关转变审计观念的精神相一致。在长期的工作实践中，存在审计机关在解决案件线索如何移交问题；建立查处经济犯罪案件专门机构问题；解决审计任务繁重与审计力量不足的矛盾问题；被审计单位不如实提供会计资料如何处罚等问题。在实践中，凡实施审计先行，监察依法跟踪查处的案件，都较好地把监督落到了实处。若能从制度上进行规范，工作中从监审法合一的角度去分析、研究和解决这些问题，将使监督视野为之一新。

③"监审法合一"是遏制经济领域犯罪和舞弊行为的需要。从审计角度来看，审计要发现大案要案线索，往往要对被审计单位各种账证、往来进行详查，做大量艰苦细致的取证工作。由于受任务和职责等因素的限制，审计人员在审计中往往有部分线索因未调查或因拿不准，有的因未及时移交而被违纪或犯罪嫌疑人采取种种办法逃脱了处罚。企业实行"监审法合一"就能较好地解决这一后顾之忧。从监察角度来看，通过对"内审"、"外审"信息的筛选和分析，发现案件线索，使审计信息得到最大限度的使用。从而对内部财务实行较为严密的监控，使腐败分子无孔可入。从法律事务角度来看，可以通过企业内部发生的各类案件发生原因的分析，从法律法规的普及和如何遏制违法违纪违规行为的发生上作好宣传教育。

（3）监审法合一的可行性探析

一是认识上统一。内部审计业务在企业基层大多由一到两人承担，有的还因挂靠单位财务部门，既当"运动员"，又当"裁判员"，故很难发挥客观公正独立行使监督权的作用。再者在机构改革中，企业内部审计或"撤"或"并"，不能充分发挥内部审计职能作用。内部审计和纪检监察同属于监督部门，而法律事务也并非仅仅是处理企业与外界的各类纠纷和打官司，还肩负着如何依法对企业内部制定的各类合约条款及规章制度进行监督和把关。因此，监审法合署办公，既依法抓审计，又依法抓查处，充分发挥了审计、监察职能作用，建立健全企业内部党风廉政建设机制。

二是组织上合署。集团或下属子公司的审计部与纪委办、监察部、法律事务室合署办公，实行"四块牌子一套人马"，由单位主要领导负责，纪委书记（组长）及副总会计师分管、监察、纪检室、审计、法律共同努力，协调工作，强化自我约束，符合中央严格管理，严格监督，依法治企的要求。对依法加强公司及项目部的财务合约成本等监管和市场经营监管，堵塞漏洞大有好处。

三是制度上合成。虽然纪检、监察、审计、法律履行各自职责不同，但目的只有一个，都是为了加强党风廉政建设和防范企业风险，监督公司的财务核算、成本合约管理、市场经营管理，促进各级领导干部及员工，廉洁从业，依法治企，严格遵守《纪检监察法规》、《审计法》及企业内部规章制度，加强党风廉政建设，扎实推进反腐倡廉建设的惩防体系。

（4）推行监审法合一的启示

①将纪检、监察、审计、法律实行四块牌子一套人马办公，既精简了人员，又提高了办事效率，从而使各项监督调查处理工作一步到位，对工程建设、招投标、物资采购、干部聘任、经济责任审计、财务管理等工作切实做到了事前预防，事中监控，事后总结，有效地控制了

各项费用支出，从源头上遏制了腐败的滋生。

②试行监审法合一，能解决许多内部监督中存在的问题。主要体现在三方面：

其一，摆脱监督视野狭窄，共同掌握监察、审计信息。从监察角度看，通过审计能及时发现各种违法违纪问题，掌握第一手资料，较为隐蔽地获取案件线索和证据材料；从审计角度看，通过监审法联手，便于事前掌握群众举报信息，从泛泛地例行审计变为有重点、有目的审计，获取的审计信息更为清晰、具体，及时将带有规律性的情况反映给监督委员会，为监督委员会或公司领导加强管理和反腐败提供决策依据；从法律角度看，不但能及时地给予审计和监察以法律法规的援助，同时还可以促使其依法执法监督；从领导角度看，通过合署办公，由"单管"变为"三管"，便于上级监察机关、审计部门和单位领导进行依法治企和规范化管理。

其二，增加财务收支透明度，共同对"一支笔"进行监督。随着反腐败斗争的深入开展，一些单位"一把手"经济违法违纪案件仍呈上升趋势，与财务"一支笔"制度有密切关系，这项制度最大的缺陷是对签字人没有约束力。因其体制、职责不同，审计知情不敢说，监察想管又不知情，同级监督更难落到实处。而上级对单位领导进行离任审计，是事后监督，达不到防患于未然的目的。所以试行监审合一制度是强化对"一把手"在任时监督的一项有效措施。

其三，提高行政监督机制效率，增强责任追究的针对性。现行的行政监督机制中，旨在自我约束的内部监督机制，由于受管理体制及所在单位领导的控制，难以真正充分发挥作用，外部监督也由于职责不清，渠道不畅，责权不明、协调性差、监督效能远不能令人满意。监审法合一，寓行政监察监督职能于日常依法审计之中，并实行月审、季审、年审以及任前、任中、任后依法审计，通过行政监察和审计渠道，及时反馈基层的监察、审计信息，建立自我约束与外部监督沟通渠道，具有很强的威慑力。现行的行政监督机制，运行机理和功能释放存在明显的不足和缺陷，所以在重点追究党风廉政建设和反腐败工作失职、渎职行为时难以实施；追究有关领导人的责任时，因违纪责任主体缺位，容易出现互相推诿责任，使违纪的责任承担很容易流于形式。基层监审法合一，依法连接了上级和本级党风廉政责任追究制的环节，具有前瞻性和很强的针对性，能较好地解决上述问题，堵住"借口集体负责，而实际上谁都不负责"的漏洞。

反腐倡廉工作是一个动态过程，各种情况在不断发展、变化，试行监审法合一制度，把监审法合一与实行收支两条线、会计委派制结合起来，有利于从源头上治理腐败，有效地激发了内控活力，特别是改"死审"为"活审"，改"泛审"为"重点审"，同时也可避免出现监督失控，腐败现象可以从基层得到有效的遏制。不仅从制度上可先行杜绝违纪违法案件的发生，也可使基层的纪检监察与内部审计工作相得益彰，对于全面贯彻党的十八大精神，进一步落实建立健全惩治和预防腐败体系实施纲要，扎实推进惩治和预防腐败体系建设。

3、正确处理"四个关系"，确保国企内部大监督体系的深入有效推进

（1）正确处理现代企业制度下的法人治理与加强纪检监察工作的关系

首先，各级领导干部对企业纪检监察工作要有客观、正确的认识。不能因为实行现代企业制度下的法人治理，就淡化、削弱和忽视纪检监察工作，法人治理与加强纪检监察工作，二者相辅相成、互相促进。其次，纪检监察工作要明确树立为企业发展和生产经营服务的思想，调整工作思路，争取工作的主动权。纪检监察工作要真正渗透到经济建设、生产经营之中，就应该按照社会主义市场经济和现代企业制度的要求，从企业的实际出发，同企业自主经营的制度相互衔接、相互配套、相互促进，避免和减少不必要的碰撞和摩擦。要本着既有利企业发展，又不放松监督制约的要求，对不适宜的规章制度进行完善。同时，要根据企业生产经营的实际情况，善于及时发现、解决新的问题，尤其在加强预防性、超前性上下功夫，争取工作的主动权。

（2）正确处理审计、法务、纪检齐抓共管与纪检机构重点负责的关系

在"三位一体"内部监督体系中，审计、法务、纪检三个部门既各自承担着其独特的职责，又在监督委员会的统领下协同作战，形成监管合力，这是"三位一体"内部监督体系的最大特点和优势。所以，既要反对纪检监察部门包办一切，又要反对以审计、法务代替纪检监察、否定纪检监察在"三位一体"内部监督体系中的领导地位的错误倾向。纪检监察在"三位一体"内部监督体系中的领导作用主要体现在为整个内部监督体系提供指导思想、工作方法和动力支持等三个方面。

（3）正确处理"三位一体"内部监督体系中全面履行职责与重点监督的关系

纪检监察工作是全党工作的一个重要组成部分，对上级部署的各项工作任务，企业的纪检监察部门必须坚决贯彻执行，认真抓好落实。与此同时，要根据企业自身的特点，有针对性，有重点地开展工作。一是重点加强对各级领导干部的监督。当前，部分企业领导集决策权、经营权于一身，掌管着企业的人、财、物及产、供、销的支配权，这些权力一旦失去监督，就极易滋生腐败。因此，加强领导干部的监督制约尤为重要，只有治理好领导班子和领导干部，才能把从严治党的各项工作做好，也才能确保国有控股企业的健康经营和国有资产的保值与增值。因此，要建立健全党风廉政责任制，一

级管好一级，一级带动一级。工作中，要结合贯彻"三重一大"集体决策制度，做好对"一把手"的监督。监督"一把手"的根本目的就是控制"一把手"的权力运行方向，在不影响"一把手"正确行使领导权的前提下，根据集体领导和个人分工负责相结合的原则，将"一把手"过分集中的权力适当分解，重大问题集体讨论研究，形成决议后由分管领导负责实施。二是加强重点部门、环节的监督，规范其行为。对于重点岗位、部门和环节，通过建立和完善责任分明的岗位操作程序，划清不同岗位人员的职责范围和工作规范要求，做到制度执行到人，权力责任到人，考核奖惩到人，以严密的制度措施和防范措施加以规范。三是关注热点问题。许多热点问题直接关系到职工群众的切身利益，处理不好，将会引发职工情绪的波动，甚至会引起大的矛盾冲突，对生产经营不利。要积极推行"厂务公开"等有效的监督方式，做到办事政策公开，办事程序公开，办事结果公开。

国有资本为主的企业加强党风廉政建设，惩治腐败，是一项系统工作，必须坚持"标本兼治、综合治理、惩防并举、注重预防"的反腐倡廉十六字方针，积极构建惩防腐败体系。尤其要在治本上下功夫，要把监督工作关口前移，防患于未然。首先，立足于教育，着眼于防范。正确的教育是形成先进思想道德的基础，大量的事实证明，有些干部之所以蜕变堕落，就在于忽视学习，缺乏应有的理想信念教育。因此纪检监察工作要致力于构筑党员干部的思想道德防线，通过开展理想信念教育，引导党员干部，特别是党员领导干部树立正确的世界观、人生观、价值观，这既是抵制拜金主义影响的内功，也是克服腐败行为的治本之策。在教育方面，良好的企业文化，尤其是廉洁文化发挥着不可替代的作用，它能使人在潜移默化中涵养性情、培育正气，也能使人在完善的规章制度约束下廉洁自律、抵制诱惑；通过全心

全意为人民服务的宗旨教育，树立正确的业绩观、事业观、权力观，切实做到自重、自省、自警、自励；通过艰苦奋斗教育，自觉抵制享乐主义的侵蚀；通过党纪、法律、法规教育，增强法纪意识和自我监控、自我约束能力。其次，要充分发挥"三位一体"内部监督体系的优势，遏制滥用权力。部分企业领导干部之所以出现这样那样的问题，除了自身原因外，与监督机制不健全、不完善有很大的关系。在企业内部要整合纪检、审计、法务、工会等的监督资源，发挥整体监督效能。要在党政工之间形成完善的监督机制，重大问题集体讨论研究，纪检监察部门及时参与，了解情况并对权力进行监督。要完善集体决策议事的具体规则，明确集体决策中个人的责任，防止以集体决策为名行个人谋私之实。完善职代会等民主管理制度，建立健全群众监督体系，把监督延伸到基层，让职工群众有地方说话，有意见敢提，充分发挥职工群众反腐败的积极性，对各层级掌握权力的人员形成强有力的约束。

六、结束语

国有企业监督体系是国有企业法人治理结构的重要一环，建立"大监督体系"正是优化监督体系的一种机制创新和大胆尝试。"大监督体系"的建立必将充分发挥党在国有企业的政治核心作用，与现代企业制度有机结合，有效解决所谓国有企业"所有者缺位"带来的监督缺位现象，对于搞活国有企业、壮大国有资本、增强国有经济的主导地位发挥重要作用。⑤

参考文献

[1] 徐琼华. 建大监督体系，推进党风廉政建设之思考 [J]. 企业政工，2012.

[2] 王秀琴. 对国有企业监督机制的几点思考 [J]. 求实，2003(06).

[3] 黄仲添. 如何构建"三位一体"内部监督体系 [J]. 特区实践与理论，2009(04).

[4] 刘艳鹏. 对纪检监察、审计、法律合署办公的探讨 [J]. 研究与交流，2009(02).

《建设工程合同（示范文本）解读大全》

在工程法律实践中，很多纠纷都与合同的签订及履行相关。虽然住房和城乡建设部等有关部门先后制定发布了一系列合同示范文本，但合同当事人对示范文本理解不到位，不能很好地与实际工程情况相结合，合法权益得不到维护的现象仍旧很多。

针对这一问题，该书作者张正勤律师结合多年的建设工程法律工作实践，以专业律师的视角，逐一对现行建设工程合同示范文本的条款进行全方位解读，并从实践角度出发，对读者签订及履行合同中需要注意的问题提出了中肯的建议和提醒。此外，该书在各合同示范文本后，结合实践需要，均给出了相应的建议合同，可供读者直接参考使用。

该书的特点是：针对合同示范文本，有的放矢；专业律师视角，权威实用；对照原文，逐条解读，便于查找；标注相关法条原文，可对照使用；推荐合同，可直接选用；实时更新，服务增值。

以科学发展观探究建筑企业大项目制建设

高建军

(中建一局集团第二建筑有限公司，北京　102600)

近二十年来，随着改革开放的大潮和经济的快速发展，我国的建筑业有了空前的发展空间，中国建筑工程总公司成功进入世界 500 强企业，并在 2011 年跨入前 100 强，实现了历史性的巨大跨越，在建筑行业里的众多企业中，中国建筑就是一艘航母级的企业，我们深感荣幸和自豪。同时我们应看到：建筑业是一个充满竞争的领域，作为行业的排头兵，我们面临着众多建筑企业的竞争和挑战，发展质量和水平不高，利润率很低。目前建筑业普遍实行项目法施工，推行法人管项目，对工程项目的管理基本分为企业层级和项目层级的两个层级管理，从整体上讲，运行效率不高，效益低下，另一方面又要面对和抓好城市化进程中的难得历史机遇，努力去实现合同额、营业额的逐年大幅增长，寻求广泛的市场占有和规模效益。

现实的选择和对策就是推行大项目制，从企业总部的组织架构和制度体系建设入手，完善企业顶层架构设计，改革和调整生产关系中不相适应甚至束缚生产力发展的制度体系，使之适应和支持生产力的发展。大胆创新，不断修正运营方式，使整个组织机体具有活力和创造力，使各业务流程有序、顺畅高效运转。进一步解放生产力，充分调动大项目部全员的积极性，使企业有限的人才、技术、资金、管理等资源合理优化配备到具体项目，提高效率，使之更好的对接市场，满足业主需求，完成项目全过程的履约，最终实现用户满意和利润率的合理提高，保持企业在规模扩张期的科学发展。

一、建筑行业现状及存在的问题

从行业形势看，随着国民经济平稳较快发展，特别是城市化建设加速推进，国内固定资产投资将保持 25% 以上的增长速度，铁路、高速公路、轨道交通等交通基础设施依然是重点投资领域，新能源建设有望成为一个重要细分市场，节能环保型建筑将日益受到重视，为建筑业发展提供了良好的环境。

建筑业具有土地垄断性和不可移动性等特点，建设工程产品的生产具有单件性、流动性、地域性、周期长和生产方式多样性、不均衡性，以及受外部约束多等特点。随着建设工程项目的类型和特征的日趋复杂化，建筑产品的精益化，工程服务方式的多样化、市场化的进程，使得建筑企业对建设项目管理的精益程度要求也越来越高。

随着市场经济的发展，建筑施工企业面临着激烈的市场竞争。在给中国建筑业带来难得的发展机遇的同时，也带来了不可避免的冲击和挑战。将来要直接面对国际承包商的竞争，国内建筑市场以及参与国际工程承包市场的竞争将会愈发激烈。

改革开放三十多年来，我国建筑业得到了持续快速的发展，建筑业在国民经济中的支柱产业地位不断加强，对国民经济的拉动作用更加显著。

建筑行业在国民经济各行业中所占比重仅次于工业和农业，对我国经济的发展有举足轻重的作用。同时，作为劳动密集型行业，建筑行业提供了大量的就业机会。因此建筑行业运行的良好与否对中国的经济发展和社会稳定有十分重要的意义。

根据国家统计局2003年5月颁布的《三次产业划分规定》，建筑业属于第二产业。建筑业在国民经济各行业中所占比重仅次于工业和农业，而高于商业、运输业、服务业等行业。根据建筑业历年统计数据，随着国民经济的快速增长，固定资产投资率逐年提高，建筑业增加值平稳上升，扣除价格因素，年均增长12%左右。建筑业增加值占国内生产总值的比重从50年代的3%增加到2002年的6.68%，2009年全社会建筑业增加值22333亿元，比上年增长18.2%。建筑业为我国国民经济增长发挥了重要作用。

但是，随着逐渐消除外资建筑企业进入国内市场的壁垒，我国建筑行业的竞争必将进一步加剧，同时各种内外部因素将会在不同程度上影响我国建筑企业的发展，尤其对国有建筑企业造成的冲击更为严重。如何面对问题，灵活应变，寻找解决办法，是我国建筑企业不能不思考的战略性问题。

据国家统计局公布的最新统计数据显示，2008年上半年，全国建筑业企业完成总产值22665亿元，同比增长24.4%；全国建筑业企业总收入20743亿元，同比增长25.9%；实现利润总额490亿元，同比增长42.2%。统计显示，

这一增速比上年同期高出5%。从中可以看出，建筑业作为国民经济的支柱产业之一，在促进社会经济发展、改变城乡面貌、吸纳农民工就业等方面做出了巨大贡献，取得了显著成就。然而，对部分建筑业企业进行调查时发现：建筑业企业负担过重，效益过低，在建筑市场中处于弱势、劣势地位等突出问题，已严重制约了建筑业企业的健康发展。

二、建筑企业科学发展的思路

（一）指导公司发展的基本思想

（1）**市场导向，需求驱动，尽力满足社会需求。**随着社会主义市场经济体制的逐步建立，公司生产经营活动运转的轴心不再是国家计划，而应该是市场，公司要围绕市场运转，实现自主经营，自负盈亏，千方百计满足市场需求，努力提高市场占有率。

（2）**依靠品种、质量、成本取胜。**适应经济增长方式从粗放型向集约型转变，公司要改变粗放式管理，转向精细化管理，努力提高产品的技术含量，保证和提高产品质量，降低成本。

（3）**实现系统整体优化。**公司是一个由各个方面有机结合而成的复杂系统，要对公司生产经营的诸要素进行优化组合与合理配置，实现系统整体优化，协调和平衡各个局部与局部之间、局部与整体之间相互适应关系，尽力提高公司经济效益。

（4）**善于竞争，优胜劣汰。**公司要进入市场竞争体系，适应优胜劣汰的激烈竞争，充分调动和运用自己的各种资源，在竞争中求得生存与发展。

（5）**长远观点，放眼未来。**制订和实施企业战略都必须具有长远观点，切忌急功近利。不断改造内涵，加大技术改造力度，增强公司后劲。

（6）**以人为本，依靠全体职工。**建立以

人为中心的管理，真正体现尊重人、理解人和关心人，充分依靠和调动全体职工的积极性，去实现公司的战略目标。

（二）建筑企业存在的现实问题和分析

从建筑行业发展的角度来看，面临着巨大的发展空间和机遇。我国的城市化进程刚刚开始，发展程度还远远不够。这样给我们留出广阔的发展空间，同时上级单位基于此认识判断也对下属企业的发展目标提出更高的要求，特别是在合同额营业额和利润率利润额指标上也节节攀升，一年比一年高，这样中建股份下属的三级子公司必须选择规模的不断扩张求得生存和发展。

但是行业的现状又是市场充分竞争，竞争带来的价格风险在不断加大，整体发展质量不高，利润率很低，那么如何进行规模扩张的同时，防范价格风险，提高发展质量，稳定相对合理的利润率和收益额就是企业发展过程中必须要解决的问题，否则就不是科学发展是盲目扩张。利润率的高低与否事关企业是否能良性发展、可持续发展，也是企业竞争能力的指标体现。

分析企业发展质量不高、利润率很低的原因，我们不难看出：建筑市场的充分竞争是客观的市场环境，但竞争导致工程项目价格向价值的无限趋近，这些都是客观存在的，是这个市场中的一员——企业所无法改变。企业所要做的只能是适应市场的竞争，并不断在市场竞争中改善自己，改革调整那些企业运行过程中与生产力发展不相适应的机制、制度，使之与生产力相互适应、相互促进，彻底提升企业的运行效率，立足于企业内部挖潜，向管理要效益，向科技要效益，降本增效。只有这样才能增强企业盈利能力，提升利润率，进一步走上可持续发展的良性轨道，这才是提高企业发展质量的正确思路。

我先来分析一下：原来我们都是通过市场

竞标、中标拿到工程后，依据项目法施工，按单个工程项目组建项目部，项目部是一次性的弹性组合体，随着工程项目的完工而解体。好处是：项目部的组建目标明确，责权清晰，但是随着企业规模的扩张，企业管理的规模和跨度都在不断增大，对项目经理、商务经理、项目总工和责任工程师等核心业务骨干的需求也是成倍增长，企业通过社会招聘和校园招聘也都无法满足工程项目的需求，特别是社会招聘来的员工有一个企业价值观和行为规范的认同过程，校园招聘的员工又面临经过2到3年的工程管理实践才可能独当一面，担当重任，这样业务骨干的相对短缺就成了我们要面对的一个现实，必须寻求一个解决之道。

三、建筑企业的具体对策及其他支持性制度

（一）探究建筑企业应对解决问题的具体对策

分析国际、国内经济环境，结合建筑业竞争规律和地区差别及特点，剖析公司发展不利因素，置身建筑业未来发展大环境，依靠可调动资源和能力，企业须在实践中不断修正、完善和创新公司发展模式。

为此，现实的选择和对策就是推行大项目制，从企业总部的组织架构和制度体系建设入手，完善企业顶层架构设计，改革和调整生产关系中不相适应甚至束缚生产力发展的制度体系，使之适应和支持生产力的发展。

我们尝试安排品德好、诚信度高、能力强的项目经理，商务经理和项目总工组成一个责任担当体，多管几个项目（根据项目的规模体量最多不超过3个工程项目），因为由这三个核心成员构成责任担当体的个人诚信度和业务能力，公司是认可的，同时这个责任担当体可以复制他们项目管理的模式，进而覆盖所管理的多个项目，或者说责任担当体在一个又一个

项目上复制他们成功的模式，只需给这个责任担当体配备必要基础管理人员即可保证项目运行和履约，同时可以调配校园招聘的新员工充实到每一个项目上进行管理工作实践，建楼育人，形成责任担当体成员主控工程项目进程，有效防控项目风险，建楼育人，实现履约目标，化解企业核心人才短缺与规模扩张之间的矛盾。

我们管责任担当体叫大项目部，大项目部下辖的多个项目，在管理中运行的业务流程一致，也会带来管理效率的提高，更重要的是大项目部除了对人力资源整合，还对分包方分供方和所投入的物料、设备设施进行整合，实现资源在多个项目间的高效流动；提高了工程项目投入资源使用率，特别是临建设施和脚手架、模板等非实体材料。如果在一个工程项目结束后不能马上转入到另一个工程项目周转使用，露天存放会很快就贬值，存在火灾隐患，甚至经过一个雨季腐蚀变质就只能废料处理了。相反通过大项目部内部工程间物料、设备、设施的高效流转，投入材料、设备、设施的使用价值可达到最大程度的发挥，也就会创造更大的价值，这也完全符合中建股份"品质保障、价值创造"的理念，结果是：大项目部下辖工程项目的综合经济收益不同程度的提高。这种大项目机制下高效配置资源的方式才是公司所真正追求的。

在大项目部制推进实施时必须配套进行风险抵押金的交纳，与工程项目的收益率目标绑定实施，使项目法施工得到更有效的落实，风险抵押金的交纳与工程收益率目标实现后的奖励兑现同比例挂钩，使公司与项目核心成员的责、权、利更加明晰，更有利于激发责任担当体乃至项目部全员的积极性、创造性，落实到项目员工的行为上就是以成本管理为主线，控制工程消耗，降低浪费，达到项目盈利能力和履约能力的双提升，最终提高工程项目的收益率，收益率的提升是一个管理创效的过程，收益率的提升再通过公司奖励政策兑现回馈我们的员工，这样员工获取的奖励兑现是其通过心智投入而创造出价值的一部分，实现企业和员工的双赢，企业才真正和谐科学发展。

（二）大项目制的建设作为一种制度创新，建设推荐过程中需要公司健全和完善其他内控制度来保证和支持

内部控制是管理过程中不可或缺的一个部分。控制是依据特定的绩效标准或规范对组织运行状况进行监督和衡量，发现偏差，采取纠正措施，以确保组织目标实现的过程。控制机制则是一种影响和决定组织成员将要做什么的组织安排。有效的控制可使一个获得相关信息的管理者能够理性地预期不会出现极其不合意的结果；而合适的控制机制能够使期望目标的实现更加可预测。

在构建公司的制度或控制机制时要疑人，但领导者在日常工作中心态上要信任人。以建立公司各项管理制度和项目管理模式，从而使之有效运行，对公司进一步完善标准化、信息化管理的有力支撑。所以在推行大项目制管理模式时依旧要坚持以下制度不动摇：

（1）必须建立项目经理责任制。 项目经理是企业法人授权组织项目施工的责任人，是该工程项目质量、工期、成本、安全等目标的直接责任人，是企业面向市场、对接业主、服务用户、履行合同的岗位责任人。这种由项目经理对实现合同目标负责的项目责任制，是解决过去在工程施工中责任缺位的有效办法。

（2）必须建立项目成本核算制度。 这项制度是对过去按行政层次组织施工生产的否定，是提高施工项目管理经济效益的有效制度。它以责任成本为最高控制限额而进行项目收支核算，使单个项目的成本控制得以实现，为企业整体经济效益目标的实现打下了基础。

（3）建立计划管理的制度。 这项制度确保工程进度和资金支付的有序进行，项目要编制与进度计划相匹配的资金支付计划，资金计划是进度计划的支撑和保障，二者按月滚动向前。原则是："以收定支，多收有奖，少收必罚，有偿使用"。

（4）需要企业层面建立统一的价值评价体系，统一的考核体系。把考核与培训、职务晋升、岗位调整、薪酬联动起来，建立一套选人用人的机制。要认识到考核是一种提高业绩改进管理的手段，每一位直线管理者都是人力资源经理，是考核的主考官。

同时将审计与考核进行联合，审计和考核侧重两个方面：一是业绩，二是处理重大业务是否遵守公司的政策和程序。

"事前的和公平的"：每个主要责任人在走到这个管理职位之前，他就知道他一年中某个特定的时间要接受例行的审计，其他时间可能接受随机抽查的审计，所以是事前的；因为每个责任人都要接受审计，所以是公平的。事后的选择性的控制机制以信任为基础。而事前的、公平的控制机制以适度的不信任为基础。事后的、选择性的控制机制表面上看可以降低控制成本，实际上存在很大的问题。

（5）要全面实行项目风险抵押责任制。加强总部对项目的服务和控制。风险抵押责任制是公司总部对各单个项目实施成本控制实现项目盈利的根本手段和途径，推行项目骨干员工风险抵押金的交纳，可以使大项目部完全模拟项目股份制运行，使工程项目的运行多一道风险防控的屏障，客观上也在项目上增加一项内控制度，可有效防控因个别人有意或无意的个人行为导致的效益流失，这在一定程度上也保证了企业的发展质量和效益提升。也是公司的导向性激励政策，这样的激励政策才能起到导向的作用，才能使项目在"三权集中"前提下的授权管理走向良性循环。

以上制度和模式归结为：控制既可能与信任对立，也可以为信任构建一个平台。控制与信任是对立还是兼容，关键取决于控制机制设计。事前的、制度化的公平控制机制，有助于加强承诺，是建立长期信赖关系的更加坚实和有效的基础。事后的、选择性的控制机制，只能激发不值得信任的行为，破坏忠诚。在控制与信任之间达成平衡的基本途径，在构建公司的制度或控制机制时要疑人，但领导者在日常工作中心态上要信任人。

大项目制建设作为建筑行业的一项制度创新，中建一局集团第二建筑有限公司还在项目实践中探索和完善，探索过程中难免出偏差甚至出现不同程度的错误，需要公司的纠偏机制及时发挥作用，但大项目制建设既是建筑企业自身科学发展的长远需要，也是应对当前建筑市场激励竞争的现实要求，更是建筑企业化解核心人才短缺与规模扩张矛盾并提升效益的路径选择。⑥

参考文献

[1] 刘学．战略：从思维到行动．北京：北京大学出版社，2009，3．

[2] 刘伊生．建筑企业管理．北京：北方交通大学出版社，2003，1．

[3] 黄展东．建筑施工组织与管理．北京：中国环境科学出版社，2006．

[4] 王文．房地产"大项目部制"运营模式初探．开发区报导．2010，9，13．

[5] 于丽娜．如何加强建筑企业的成本管理．中国科技信息（第14期）．2005．

[6] 李旭量，程玲云．企业管理．北京：经济科学出版社，2006，8．

[7] 黄仕诚．建筑工程经济与企业管理．北京：中国建筑工业出版社，1997，6．

[8] 中国建筑一局集团．建设者，第468期第02版，2012，8．

工程项目沟通管理中的组织沟通

顾 慰 慈

（华北电力大学，北京　102206）

摘　要： 沟通是管理工作的一个重要部分。一个组织，无论是在设计的编制、工作的组织、人事的管理、部门间的协作、对外交流等，都离不开沟通。实践证明，一个良好的组织必然存在着良好的沟通关系。本文简单介绍了工程项目管理中组织沟通的类型、沟通的渠道、沟通的方式和方法。

关键词： 沟通；组织沟通；沟通管理

沟通是指信息在人或群体中进行传递并获取理解的过程。

组织是指由不同部分、成员所组成的一个整体，这个整体有其特定的目的和任务，为了达到组织的目的和完成组织的任务，组织的各部门和各成员之间必须通过沟通达到彼此了解，相互团结，形成密切配合，协调一致，同心同德，亲密无间的一个整体，才能共同来完成组织的使命和目的，这就是组织沟通的含义，也是组织沟通的目的。

组织沟通在工程项目管理沟通中起着重要的作用：

（1）沟通可以使组织内部各部门和各成员之间彼此了解，消除误会，相互促进，紧密合作，团结一致。

（2）良好的组织沟通，尤其是畅通无阻的上、下沟通，可以振奋士气，提高工作效率。

（3）通过彼此间的沟通，相互讨论，互相启发，共同思考和探索，往往能够发现问题

的所在，寻找出解决问题的办法。

（4）通过有效的组织沟通可以及时地将有关信息传达到各部门和各成员；也可以将各部门和各成员的有关信息及时地反馈回组织。

（5）通过组织的外部沟通可以使组织和外部组织之间保持联系，及时了解周围环境及其变化，及时作出相应的决策和采取相应的措施。

一、组织沟通的类型和沟通渠道

（一）组织沟通的类型

组织沟通的类型基本上分为两类。

1. 组织内部沟通

组织内部沟通主要包括组织内部各部门之间的沟通，部门与成员之间的沟通和成员与成员之间的沟通。

2. 组织外部沟通

组织外部沟通主要包括组织与外部各组织之间的沟通和组织与广大群众之间的沟通。

（二）组织沟通的渠道

沟通渠道是指信息在沟通时流动的通道，一般可分为两种，即正式通道和非正式通道。

正式通道是指通过组织正式结构或层次系统进行沟通，而非正式通道则是指通过正式系统以外的途径进行沟通。

1. 正式沟通

正式沟通是指由组织内部明确的规章制度所规定的沟通方式进行沟通，例如：

1）按正式组织系统发布命令、指示、文件；

2）组织正式颁布的法令、法规、规章、手册、简报、通告、通知、公告等；

3）组织召开的正式会议；

4）组织内部上下级之间和同事之间因工作需要而进行的正式接触。

正式沟通可根据信息的流向分为上行沟通、下行沟通和平行沟通。

（1）上行沟通

上行沟通是指在组织中信息从较低层次流向较高层次的一种沟通。例如：

1）按照规定下级向上级提出正式的书面或口头报告、汇报；

2）召开征求意见座谈会；

3）召开情况调查会。

（2）下行沟通

下行沟通是指在组织中信息从较高层次流向较低层次的一种沟通。例如：

1）传达上级组织的方针、政策；

2）传达上级组织的决定；

3）发布上级组织的计划、规划；

4）上级组织向下级组织或成员作出指示。

（3）平行沟通

平行沟通又称横向沟通，是指信息在组织的同一层次不同部门之间的流通。

（4）斜向沟通

斜向沟通是指信息在不同层次之间的不同部门之间流通时的沟通。

2. 非正式沟通

非正式沟通是以社会关系为基础，与组织内部明确的规章制度无关的沟通方式，它的沟通对象、沟通时间和沟通内容等都是未经计划的，它的沟通渠道是通过组织内的各种社会关系，这种社会关系超越了部门、单位和层次。

非正式沟通一般是以口头方式进行的，它可以不留证据，不负责任，有一些在正式沟通中不便于传递的信息却可以在非正式沟通中透露。非正式沟通常常起源于人们喜爱闲聊的特性，闲聊的信息通常称为传闻或小道消息。

非正式沟通具有下列特点：

1）非正式沟通的信息往往是不完整的，有些是牵强附会的，或被夸大的。

2）非正式沟通具有多变性，随个体和环境的变化而变化。

3）非正式沟通不需遵循组织的结构原则，所以信息的传递往往较快。

4）非正式沟通大多是在无意中进行的。

（三）组织沟通渠道的表现形式

组织沟通渠道分为正式渠道和非正式渠道两种基本类型。

1. 正式渠道的形态

正式渠道有6种表现形态，即链形、轮形、环形、全通道形、Y形和倒Y形。

（1）链形沟通

信息逐级传递，只有上行沟通或下行沟通。由于在这种信息传递中，信息经层层传递、筛选，所以容易失真。

（2）轮形沟通

在轮形沟通中，沟通成员内只有一个成员是各种信息的汇集点和传递中心，所以这种沟通方式的集中化程度高，解决问题的速度快。

（3）环形沟通

在环形沟通中，成员中每个人均与两侧的人进行沟通，从而形成环形沟通。在这种沟通中，组织的集中度和预测程度不高，畅通渠道不多。

（4）全渠道形沟通

在全渠道形沟通中，成员中各个人都可以自由地相互沟通，无明显的中心人物。这种沟通形式中各成员彼此之间都有联系，彼此比较了解，但集中度和预测程度较低。

（5）Y形沟通

在Y形沟通中，两个领导都通过一个人或一个部门进行链式沟通。这种沟通形式的集中度较高，解决问题的速度较快。

（6）倒Y形沟通

在倒Y形沟通中，一个领导通过两个人各自进行链式沟通。

2. 非正式渠道的形态

非正式渠道的表现形态有单串型、饶舌型、集合型和随机型4种。

（1）单串型沟通

单串型沟通是信息在非正式通道中一个人转告另一个人，依次传递。

（2）饶舌型沟通

饶舌型沟通是信息由一个人告诉其他许多人。

（3）集合型沟通

集合型沟通是信息由几个中心人物告诉若干人，再由这些人分别转告其他人。

（4）随机型沟通

随机型沟通是指信息由一个人无选择地随机告诉某些人，再由这些人随机地转告其他人。

二、组织沟通的结构

组织沟通由7个要素组成，即信息源、信息、通道、信息接受人、障碍、反馈和背景，如图1所示。

（1）信息源

信息源是指信息的发送者，即指掌握信息并试图进行沟通的人。

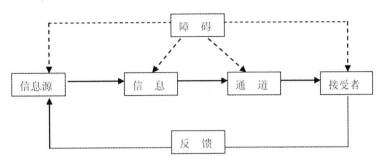

图1　沟通的组成要素

（2）信息

信息是指沟通者试图传递给别人的观念、情感或消息。

（3）通道

通道是指沟通时信息传达的方式、途径和媒介。

（4）信息接受者

信息接受者就是接受信息的人，也就是指沟通对象。

（5）反馈

反馈是指在沟通过程中，沟通的每一方都不断地将信息送回另一方，这种回返过程即为反馈。

（6）障碍

障碍是指阻碍正确有效沟通的因素，如：

1）信息源的信息不充分或不明确。

2）信息没有被有效或正确地转换成可以沟通的信号。

3）误用沟通方式。

4）信息接受者误解信息。

（7）背景

背景是指发生沟通的情境、环境等。

三、组织沟通方式

1. 组织内部的沟通方式

（1）指示

指示是上级指导下级工作，传达上级决策经常采用的一种下行沟通方式，一般是通过正式渠道进行的，具有权威性和强制性。指示可以是书面指示或口头指示，一般指示或具体指示，正式指示或非正式指示等。

（2）汇报

汇报一般是下级向上级反映情况、提出设想、汇报工作、汇报思想，是一种上行沟通方式。汇报可分为：

1）书面汇报。

2）口头汇报。

3）专题汇报。

4）一般性汇报。

5）正规汇报。

6）非正规汇报。

（3）会议

会议是为组织成员提供交流思想、情感或交换信息的场所和机会。会议可以使与会者相互交流意见，集思广益，从而产生共同的见解、价值观念和行为指南；会议也可以使人们了解领导的决策过程，从而努力来完成会议的决议。

（4）个别交流

个别交流是指组织成员间采用正式或非正式的形式进行个别交谈，交流思想和情感，征询意见和看法。

（5）领导见面会

领导见面会是让那些有建议、有意见的员工直接与领导沟通，交换意见。通常它是一种应下层的要求而进行的沟通。

（6）群众座谈会

群众座谈会通常是管理者有必要掌握员工真实思想、情感和意见时，由上而下发起的一种沟通方式。

（7）内部刊物

内部刊物主要是用以反映组织的最新动向、重大事情，或刊登激励员工、提醒员工的内容。

（8）宣传告示

宣传告示是组织在公众场所用海报、告示、信息栏网络等方式与广大成员进行沟通的方式，这种沟通方式的沟通面广、沟通速度、沟通成本也较低。

（9）意见箱或投诉站

当组织中的沟通出现障碍，下层员工的意见、想法，很难反映到上层，或下层的正当权益得不到有效保护时，可以采用设立意见箱或投诉站的方式使下层的信息直接反映到上层。

除了上述沟通方式外，还可采用讲座、联谊会、郊游等方式进行沟通。

2. 组织之间的沟通方式

组织之间的沟通方式有公关、CI 策划、商务谈判、游说等。

（1）公关

公关是组织与顾客等公众之间进行信息交流与沟通，是组织处理好与顾客、供应者和其他组织之间关系的一种常用方法。

（2）CI 策划

CI 是一种将组织的个性特征、经营理念、经营风格等内容以简单明了和便于记忆的方式对外传递和沟通，这是一种非常有效的沟通方式。

（3）商务谈判

商务谈判是组织与其他组织之间相互交流各自的目的、需要，以便能够取得相互合作的一种沟通方式。

四、影响组织沟通的因素

1. 社会环境

不同的社会环境具有不同的文化价值观念，不同的文化价值观念则左右着人们的沟通行为。

2. 组织的结构形式

组织的结构形式在很大程度上决定着组织内部的权力线和信息的流通渠道，所以组织的结构形式对有效地组织沟通起着决定性的作用。

3. 企业文化

企业文化是企业在长期生产经营中所形成的具有本企业特点的精神，包括共同的价值观念、行为方式和经营理念，它反映了企业员工的精神面貌、工作态度、行为方式，因而决定着员工的行为特征、沟通方式和沟通风格。

4. 组织角色

组织中的每一个成员在组织在都处在不同的位置，具有不同的组织角色，组织角色不同，其职能也就不同，因而看问题方式和角度也不同，对问题的态度、观点和结论也就不同。

五、增强沟通效果的措施

组织要提高沟通的效果，必须根据组织的特点和具体的环境条件选择和设计合理的沟通渠道和沟通方式，并且在语言沟通时要善于"倾听"，在书面沟通时要善于"阅读"。

（一）合理的沟通渠道

组织应根据本身的特点、人员结构及其心理状态，结合正式沟通渠道和非正式沟通渠道的优缺点，选择和设计沟通通道，以便使组织的各种需求能及时准确有效地传递并得到实现。

（二）适当的沟通方式

沟通的方式对沟通的效果起着重要影响，组织的沟通内容各式各样，为了提高沟通效果，必须根据沟通的内容和人员的特点，选择恰当的沟通方式。

（三）善于倾听

在语言沟通中，倾听对沟通效果起着重要作用。

（1）倾听可以从对方获得重要的信息。

（2）耐心地倾听可以得到对方的认同感，产生同伴和知音的感觉，从而获得友谊和支持。

（3）善听才能善言，通过听了解对方，最终才能使自己的发言更具有针对性和感染力。

（4）倾听能激发对方谈话的欲望，说出更多有用的信息。

（5）倾听能发现对方的出发点和薄弱点，从而为自己说服对方提供了机会。

在沟通中，管理者必须以良好的态度和精神面貌来面对被沟通者，才能获得良好的沟通效果，因此必须克服下列障碍。

（1）听对方发言时不专心。

（2）听对方发言时感觉厌倦，不耐烦。

（3）排斥异议。喜欢听和自己观点相同的话，拒绝听与自己意见不同和逆耳的话。

（4）急于发言。在对方还未说完时就打断对方讲话，发表自己的意见。

（5）消极的身体语言。在听别人说话时双手交叉抱在胸前、跷起二郎腿、东张西望或用手敲打桌面等，这些动作都会给对方传递一个错误信息："有完没完，我已经听得不耐烦了。"

（四）善于阅读

在书面沟通中，沟通者必须要善于阅读才能起到良好的沟通效果。

1. 阅读的方式

阅读的方式有以下几种。

（1）有声读和无声读，也称为朗读和默读。

（2）精读和略读。精读是逐字、逐段仔细地深入研读；略读是浏览式的阅读；只观大意，知其梗概。

（3）正序读和逆序读。正序读是按照文章的顺序逐段从头到尾循序阅读；逆序读是先阅读文章的结论，再阅读文章是怎样分析问题、得出结论的。

（4）连读和跳读。连读是按文章顺序逐项逐段地阅读，对工作有密切关系的材料一般均采用连读；跳读是不按文章的顺序，把已熟知的内容、引证材料、推论过程等跳过去，阅读问题的结论、新的见解、争论焦点和自己需要的材料。

（5）快读和慢读。快读是集中注意力迅速地从文章中获得有用的和有价值信息的一种阅读方法；慢读是逐字、逐句仔细推敲，用心思考分析，直至深入理解的一种阅读方式。

2.阅读方法

（1）行政公文

行政公文一般可分为4类：

1）规定规范类。如指示、指令、决定、决议等。2）知照类。如通知、通报、布告、公告、通告等。3）报请类。如报告、请示、批复等。4）记录类。如会议纪要、工作简报等。

阅读行政公文应注意以下方面：

1）公文的目的和主旨。2）主张和办法。3）分析公文的用语。

（2）工作计划

阅读工作计划一般采用略读和精读相结合的方法，首先通过略读找出重点和难点，再对重点和难点进行精读，理解其准确的内容。

阅读计划应注意以下方面：

1）计划的指导思想。2）基本情况的分析。3）计划编制的依据。4）计划的目标和任务。5）完成目标和任务的措施和方法。6）完成的时间。

（3）合同文件

合同文件一般包括5个基本内容：

1）标的。2）数量和质量。3）价款和酬金。4）履行期限。5）违约责任。

阅读合同文件时应注意的问题是：

1）合同双方的要约与承诺是否明确、具体。2）合同内容是否齐全、周密、严谨、每一条款是否十分具体。3）语言是否明确，用词是否准确、肯定。4）双方权利和义务是否明确，是否合理。

（4）会议纪要

阅读会议纪要时应注意的问题是：

1）会议的目的和要求。2）参加会议的人员和身份。3）会议讨论的问题。4）达成的协议和决议。5）提出的问题和意见。6）会议的遗留问题。

（5）调查报告

调查报告的内容一般包括：

1）标题。2）报告编写人。3）引言。4）正文。5）结尾。

阅读调查报告应该注意的问题是：

1）看标题，了解调查对象。2）明确调查者情况、调查对象情况和调查过程。3）调查的方法。4）调查的结果和结论。5）原因分析。6）取得的经验和教训。

（6）总结报告

总结报告的内容一般包括：

1）基本情况概述。一般包括工作全貌、背景、指导思想、成果等。2）主要工作成绩。3）经验体会。4）缺点、问题的分析。5）改进工作的意见。

阅读总结报告应注意下列问题：

1）总结的方法。2）总结与组织的政策是否相符。3）总结的经验是否与实际相符。4）总结报告归纳的意见是否切实可行，列举的事件是否与事实相符。

参考文献

[1] 申明，姜利民，杨万强.管理沟通.北京：企业管理出版社，1997.

[2] 罗锐韧，曾繁正.管理沟通.北京：红旗出版社，1997.

[3] 北原贞辅.现代管理系统.北京：中国人民大学出版社，1997.

[4] 朗·路德洛·费格斯·潘顿.有效沟通.北京：中国人民大学出版社，1997.

[5] 苏东水.管理心理学.上海：复旦大学出版社，1987.

[6] 苏勇，罗殿军.管理沟通.北京：复旦大学出版社，1999.

并购重组国有企业关键性问题浅议

朱 小 青

（中建股份企业策划与管理部，北京 100037）

摘 要：并购重组是企业扩大再生产的重要方式，是经济发展和企业发展的规律所决定的。企业并购的目的通常是扩大经营规模、完善产业链、跨入新行业以及资本运作等。并购重组需要符合国家产业政策和企业的发展战略，并遵循有利于经营布局和结构调整、合理估值和定价、量力而为等项原则。并购重组国有企业有一定规律可循，应处理好合作共赢、资产评估和定价、人员安置、风险控制等关键性问题。

关键词：并购重组；国有企业；股份；资产

随着经营业务的发展与扩张，越来越多的企业选择对外并购重组作为优化产业结构、提升市场和行业地位，实现协同价值、增强核心竞争力，落实企业战略发展的重要手段。所谓并购重组，主要是指以现金、股权（股票）、证券等方式购买或置换外部目标企业股权，或者通过增资扩股、资产收购等方式获得目标企业控股股权或实际控制权的经济行为。本文所探讨的主要是以国有企业为目标公司的股权并购所涉及的共性和关键性的问题。

一、并购重组的目的

任何公司的终极目标都是利润最大化，利润增长又以公司规模的扩大和业务能力的增强为前提，其途径之一为通过对外投资并购实现规模和效益的快速提升和跨越式发展。在不同的投资并购案中，公司的目的可能不完全相同，概括起来不外乎以下方面：

（1）扩大产品生产规模和市场份额，通过并购将几个规模相对小的公司整合成更大型的公司，降低单位产品成本，实现规模经济效应，扩大市场控制能力，并产生协同效应，减少市场竞争。有的在扩大市场份额的同时，通过对产业资源的整合还会形成公司在某一区域内的行业垄断。如股份公司目前在操作的并购上海港工项目，将扩大股份公司在港口水务业务的市场份额，发挥两个水工资质企业在市场上的协同作用并在未来的市场格局中占有更有利的地位。

（2）并购上下游企业形成产业链，保证供销或服务客户的稳定。向上游并购可以取得充足廉价的生产原料和劳动力，向下游并购可以保证产品销路，对产品进行深加工提高附加值，且在价格波动的不同细分行业中保持利润的稳定性。如火电企业向上游收购煤矿获得原料资源，煤矿企业向下游收购焦化厂等煤化工企业，在保证煤炭销售的同时，也增加了煤炭深加工的附加值。

并购同行业但属于不同细分行业的企业，也可实现完善企业产业链、增加利润增长点的目的。如股份公司在2009年并购山东省筑港总公司，实现了进入水工业务的突破，对于基础设施领域全产业链的构建具有重要意义。

（3）**跨入新的行业，实现多元化发展战略**。通过并购不同行业的公司，扩充自身技术力量与实力，获得市场资源，解决跨行业产品制造运行的关键技术和工艺，实现多元化发展。特别是对于一些特种行业，如涉及国家资源或技术资质要求较高即市场准入门槛较高的行业，通过并购的方式可获得较难获得批准的资质或经营许可，从而迈进该行业大门。

（4）**资本运作的目的**。通过选择净资产较高，或有运作空间和发展潜力但目前刚起步或经营不善的企业，收购后对其投入运营、整顿和技术改造，使其资产增值后再转手出售或谋求上市，寻求较高的资本回报。

二、并购重组应遵循的原则

并购重组应遵循的原则是并购重组工作的基础和前提，应贯穿整个工作的全过程。作为大型国有控股企业，并购重组的原则更要体现鲜明的国有骨干企业的特色。

（1）**符合国家发展规划和产业政策**。

（2）**符合公司的发展战略，有利于做强做优公司主业，提升综合实力**。并购重组应紧紧围绕公司使命、发展愿景和战略定位开展，聚焦主业，以提升企业竞争力和持续发展能力为目标，应具有鲜明的产业特点和战略思维。

（3）**有利于完善市场布局和产业结构调整**。并购重组应有利于扩大市场占有率，强化并购主体在某细分行业的产业地位，产生经营和财务的协同效应；有利于完善主营业务产业链，培育发展产业链上下游成长性与收益性俱佳的产业项目，提高企业的核心竞争力。

（4）**依据产业发展态势，顺势而为**。对外并购离不开对经济周期影响的分析和把握。要结合短、中、长各类周期性因素，深入研究企业所在产业以及资本市场的周期波动趋势，把握并购重组时机，慎重决策，避免高位接盘和盲目"抄底"。

（5）**合理定价、风险可控原则**。对外并购重组应对并购目标企业进行财务和法律尽职调查，聘请专业机构进行资产评估或估值，并购上市公司和境外公司还应聘请专业财务顾问，做到合理估值和定价，提高并购成本和收益分析的科学性，充分揭示可能存在的并购风险，制定切实可行的风险控制措施和预案，做好风险防范和风险转移工作。对于风险边际不明确、风险无法有效控制的项目应予放弃。

（6）**高度重视被并购企业的整合**。并购后企业的整合决定并购的最终成败。应针对不同的企业，就整合方式、内容制订不同的预案，在项目的可行性研究阶段作出前瞻性的安排，并在并购重组完成后予以实施，确保完成控制权与管理权的平稳过渡。

三、并购国有企业关键性问题及解决思路

国有企业作为并购重组的目标企业，具有企业历史悠久、资产质量不高、产权不清晰、市场竞争能力弱、人员负担较重等共性特点，对其并购重组中需要着重解决好以下几方面的问题：

（一）与原国有出资人实现共赢

目标企业的出资人一般为地方国资委或国有控股企业。地方国资委对于并购重组的诉求，除目标企业获得更好的发展空间外，还希望通过与中央企业的合作实现带动地方经济、提高GDP产值。如在并购某路桥公司的谈判中，地方政府就提出希望我方重组目标企业后增加该公司的注册资本，公司年营业收入达到××亿元，成为在当地建筑行业的龙头企业，同时希望与我方在旧城改造、保障房建设、基础设施等领域展开多项合作，持续投资应达到××亿元。针对地方政府的诉求，我方则利用央企的资金、市场优势顺应其诉求的同时，要求地方政府在资源、税收、土地、工程招投标等方面

提供一系列优惠政策，将并购重组合作提升到多层次、多维度的战略合作层面，实现并购方与国有出资人的合作共赢。

（二）注意选择适当的评估方法，将交易价格厘定在合理区间内

（1）在企业对外并购中，资产评估的总体目标是为并购交易服务，提供交易作价的参考依据，维护交易各方的合法权益乃至社会公众投资者的利益。在并购重组中，交易双方可能对同一项资产的估价有很大差异，价格底线相距甚远，因此资产评估显得尤为重要，它为交易双方提供了协商作价的基础。在国有企业并购中，资产评估报告更是一项必备的审查文件。

资产评估方法主要有重置成本法、收益法和市场法三种。在实践中，对同一评估对象、同一评估基准日但采用不同的方法评估，会出现不同的估值结果。如对目标企业 A 公司，由境内外不同评估机构进行评估，境外机构采用的是收益法中贴现现金流法进行估值，同时使用市场法中的市盈率法和案例比较法进行比较认证，A 公司的估值结果为 6.8 亿元。国内机构则采用重置成本法，评估结果为 1.4 亿元。国内评估师通常按照国资委要求以审计和资产成本为基础，善于应用审计报告和实地验查，侧重企业资产负债详细情况，结合成本重置得出净资产价值。国外评估师更适应市场机制，善于应用其他中介机构的调查成果报告，侧重于资产的运营状况和盈利能力，结合收入折现并扣除债务计算企业的市场价值。由于评估方法的差异导致结果的差异，对于售买双方都存在定价的困境。因此，评估委托方一定要与评估机构认真研究评估方法对于评估目的的适用性，并在实际中参考采纳适当的评估结果。

（2）运用投资分析模型，做好投资价值分析，注重从行业投资发展、企业价值、未来盈利预测、投资回收等多方面考量并购可行性。

在并购国企的实践中，由于动因比较复杂，受影响的因素较多，完全根据投资价值分析进行并购决策很难做到，因此这项工作常被忽视或流于形式。

（3）在实践中，国有企业的出资人出于绩效要求，经常对目标企业的净资产评估值有所谓的底线要求，从而导致资产评估报告存在一定的水分。在谈判中，如果我方细究某个资产细节，可能突破了对方底线，常被对方（地方政府）讥讽为没有大局观、斤斤计较等，谈判容易出现僵局。针对这种情况，应既把握原则又保持适度灵活，在可接受的评估值区间内，要求对方对我方的让步做出补偿，如支持我方（或新公司）取得工程项目承包权等，并尽可能要求对方将承诺写入相关协议或文件中，做到"堤内损失堤外补"，在后续发展中解决资产的水分问题。

（三）妥善安置人员

人是决定一切的因素，特别并购重组国有企业，妥善安置人员、处理好人的问题关系到并购重组的成败。

（1）取得公司高管团队的理解和支持。国有出资人通常会要求保持目标企业高管团队的职级保持不变，并在新公司董事会及高管团队中占有一定的席位。我们认为，此项条件虽是出售方的售卖前提，也可以理解为是取得目标企业现有高管团队支持的重要方式，新公司的运行还需要依靠原团队的配合，因此应尽可能满足此诉求，并按照公平对等原则在新公司治理结构设置时予以安排。如确实需要调整，可在新公司整合完成并运行良好后逐步予以实施。

（2）提前物色新公司主要领导人选，并尽可能尽快介入并购工作。并购重组工作从前期策划筹备、中期谈判到后期决策和整合，售买双方对一些关键点的处置意见是贯穿并购重组始终的，连续性很强且直接关系到重组后新公司运营。在实践中，如能在并购大局已定的前提下尽快选派新公司主要领导人员，并参与到重组工作中来、熟悉情况，无疑对于新公司的整合及运营大有裨益。

（3）**妥善安置职工。** 在当前和谐维稳形势下的国企并购，国有出资人一般都要求并强调并购方须全员接受全体在册员工，并保持员工待遇不低于并购重组前。在实践中，国有企业控股权的转移须召开职工代表大会审议并通过职工安置方案，为使该项工作能顺利进行，我方作为并购方，除会同原出资人和目标企业落实维稳条件、制定职工安置方案外，在适当阶段可以组织召开中层以上干部会议、离退休人员座谈会的方式，当众承诺和宣传全员接收、不因重组而裁员、员工待遇不低于重组前并随着企业效益好转而稳步提高，以打消员工的疑虑，这种方式的运用取得了良好的效果。

当然，国有企业人力资源问题非常复杂，有的还有事业编制人员，有的企业大量员工没有签署劳动合同，有的有拖欠社保、工资等内债问题，有的还有员工集资款问题，稍微处理不当都会引发企业和社会的不稳定，这也是出售方最关注的问题。处理的原则如下：

一是依靠当地政府或原出资人解决。应有政府或原出资人承担义务，在相关协议中一定要界定清晰。

二是依据财政部的政策规定，做好人员费用精算工作，作为负债并冲减目标企业国有净资产，并在重组后预留现金，使员工权益得到确实保障。

三是对于不属于计提范围的员工安置所需资金（如偿还内外债及或有债务）做出测算，能在重组前解决的尽量解决，不能解决的作为特别计提负债。

四是在新公司运营中予以解决。

如在并购某路桥公司的工作中，对于企业内部分事业编制人员，采取"新人新办法、

老人老办法"的方式，要求政府承诺继续执行2007年政府某会议纪要的意见予以解决，其中应由河南路桥承担的费用在其预计负债中减扣和支付。

（四）关注并控制并购风险

国有企业作为并购的标企业，所以走上被并购之路，其经营管理上的弊端均存在一定的共性，因此对国企的并购重组，其关注的风险点与控制也是有规律可循的。主要体现在：

（1）标的企业注册资本金不到位问题。 注册资本金不到位有不同的表现形式，主要是初始不到位和抽逃。这个问题比较隐蔽，通常在工商注册文件中看不到，只能通过审计或财务尽职调查才能发现。并购工作中，处理的方式可要求股权转让方予以补足后再实施并购，但通常原国有出资人无法做到，因此会采用以股权转让款补足的方式处理。同时，还要关注标的企业对下属企业长期股权投资不到位的问题，此问题成为新公司未来的隐形债务。

（2）标的企业资产产权不清晰问题。 这个问题通常有两种表现，一是标的企业自身股权不清晰，二是标的企业所持有或占有的资产权属不清晰。第一类问题须要求原出资人限定时间，在法律上明确拥有待出售的产权，为重组提供前提条件。第二类问题通常是土地问题，如持有人和占有人权属混乱、土地性质为划拨地须交出让金等等。此类问题解决起来比较复杂，常涉及政府部门及多个当事人单位，且有资金需求，办理流程漫长。宜采取容易事项立即办理，复杂事项政府承诺、限定完成期限、争议事项逐步研究协调等方式解决，并做好应对证券监管机构的工作。

（3）债权债务问题。 国有企业特别是施工类企业，普遍存在大量应收、应付款。由于会计政策等原因，有很大一部分难以计提坏账或计提比例较低。由于重组或人为的因素，可能出现一部分应收款收不到、应付款成为刚性

的情况。此外，未在审计报告中披露的或有负债也会在重组后出现。针对此问题，可采取原出资人担保或计提预计负债方式处理，不能担保或预计负债不足以支付的，以原出资人在新公司的分红中支付。

（4）控制税务风险。由于历史原因，标的企业通常在缴纳地方增值税、所得税等税负上存在未缴、未足额缴纳等问题。新公司组建后，可能存在补缴及缴纳高额罚金等问题。处理原则一是要求政府承诺在税收政策上予以支持，继续享有原有地方企业所享有的地税政策或予以减免，二是对于未能减免部分从预计负债和原出资人股权分红中解决。

（5）做好新公司的整合工作。虽同为国有企业，但由于地域、企业规模、层级等原因，并购方与标的企业在经营管理理念、模式、企业文化等方方面面都存在较大地差异，这为并购重组后的整合工作带来难度。实践中，采取支持与整合同步进行的方式更能为被并购企业所接受。如并购山东筑港公司后，股份公司从市场营销上"输血"新公司，给项目给工程；从增资信贷上支持，增资 1.4 亿元，支持公司购买专业设备；从人员上支持，除增派领导干部和业务骨干外，还选送现有人员到股份公司轮岗培训等。在股份公司的支持下，筑港公司在重组后的第二年合同额即达到 40 亿元，员工的收入也逐年提高。在此基础上，中建的经营管理体系顺利植入重组后的公司，中建筑港公司也成为青岛地方政府树立的央企合作并购重组工作的典范。

四、结语

综上所述，并购重组已成为当今企业实现跨域式发展的重要手段。股份公司的并购工作还处于起步和摸索阶段，在甄别目标企业、提高决策的科学性、量力而为等方面亟待提高。本文就并购重组实践中的一些体会仓促成文，由于篇幅限制也未能进一步展开和深入。在今后的工作中，还希望能将更多的经验予以总结，对股份公司并购重组工作尽一份微薄之力。⑤

《中华人民共和国标准设计施工总承包招标文件（2012 年版）合同条件使用指南》

根据《招标投标法实施条例》和《关于印发简明标准施工招标文件和标准设计施工总承包招标文件的通知》发改法规〔2011〕3018 号规定，依法必须进行招标的设计施工一体化的总承包项目，其招标文件应当根据《标准设计施工总承包招标文件》编制。同时要求，《标准文件》中的"投标人须知"（投标人须知前附表和其他附表除外）、"评标办法"（评标办法前附表除外）、"通用合同条款"，应当不加修改地引用。国务院有关行业主管部门可根据本行业招标特点和管理需要，对《标准设计施工总承包招标文件》中的"专用合同条款"、"发包人要求"、"发包人提供的资料和条件"作出具体规定。

该书作者邱闯为该标准文件的主要起草专家，在书中对《中华人民共和国标准设计施工总承包招标文件》（2012 年版）规定的合同条款及格式进行了逐条解析，并与 FIDIC、JCT、ICE 等西方设计施工总承包合同中的相关规定进行了比较和分析，便于使用本合同文件的读者更好地理解和应用合同条件的内容，规避合同签订与管理的风险。

关于建筑企业青年人才培养机制的探究

杜 建 波

（中建二局东北分公司，沈阳 110179)

改革开放三十多年来，中国建筑业一直保持高速增长，中国建筑总公司作为央企建筑地产行业的排头兵，已在国内 500 强企业中排名第 9，在世界 500 强中名列第 100 名。中建二局作为中建总公司的下属企业，从营业收入、利润指标、综合实力位列总公司第一方阵。中建二局从事建筑施工的有七家号码公司，五家区域公司。在区域公司中，中建二局的上海分公司、深圳分公司、西南分公司，都发展较快，在总公司区域公司中都排名靠前。中建二局东北分公司因成立时间较晚，力量比较薄弱。如何跟上发展步伐，提升中建二局在东北区域的地位和影响力，是值得思考的一个重要课题。

一、东北市场对中建二局的重要性

（一）国家宏观政策倾斜东北力度明显，东北建筑市场潜力巨大

中科院发布《2010 中国可持续发展战略报告》公布的全国 31 个省、直辖市、自治区可持续发展能力排行榜中，东北三省均位列前十；2011 年东北三省经济总量达到 4.5 万亿元，是 2004 年的 3 倍，经济发展速度高于全国平均水平，质量和效益明显改善；国务院在 2012 年初批复同意了《东北振兴"十二五"规划》；2013 年全运会在沈阳举行；万达集团和裕景集团、北车集团、华润集团等大业主在东北还有大量投资项目。从总体上看，东北地区老工业基地已经站在了新的历史起点上，这些优越的

条件都将成为东北经济发展巨大的区位优势。东北建筑业市场对中建二局来说不可或缺。

（二）中建二局与东北市场的渊源很深，有着特殊情感

1952 年，步兵 99 师改编为建筑工程第五师，这也是中建二局的前身。成立之初，就赶赴长春第一汽车制造厂和富拉尔基第一重型机械厂参战建厂，应该说东北是中建二局的发祥之地。二局人对东北有着特殊的情感。2010 年，中建二局把东北区域确立作为六大市场之一，东北分公司作为区域性公司，代表中建二局在东北地区行使经营开拓的权利，肩负着一种使命感和责任感。

（三）中国建筑总公司区域化战略的实际要求，不进则退

在中建总公司区域化战略中，各工程局只有前三名才能得到支持，分析各局在东北的情况，只有分公司做大做强，才能使中建二局在东北有一定的地位。

二、中建二局东北分公司面临的市场现状和企业现状

（一）市场现状

东北建筑市场因其独特的区位优势，也吸引了众多的建筑企业进入其中。中建各工程局的分公司都发展不错，尤其是八局的大连公司进入时间最早，规模最大。上海建工、中铁建工、北京城建、江浙建筑企业和本地的阿尔滨等大

型建筑企业的竞争，使得中建二局东北分公司面临众多的竞争对手，东北建筑市场行业竞争激烈。

（二）企业现状

中建二局东北分公司虽成立较晚，但依然在东北建筑市场中占有一席之地，有一定的知名度和美誉度。

中建二局东北分公司成立于2003年10月份，成立之初仅有3名员工。公司成立之初从小项目做起，艰苦奋斗，兢兢业业。发展至今，拥有自有员工300多人，承建了如大连万达公馆、大连中心裕景、大连富丽华酒店、沈阳全运村酒店、松原中东城市广场、清河电厂二期、葫芦岛龙湾商务区游泳馆等地区标志性工程。到2012年已发展成为年合同额近40亿元，年在施工程面积达200万平方米以上，年营业收入达20亿元的公司。2012年公司总部由大连搬迁至沈阳，购买了办公楼实行了属地化管理，落地生根，为以后长远发展打下了坚实基础。

（三）企业人力资源现状

认真分析分公司这几年的发展，关键原因是依靠和培养青年学生成为公司的中坚力量，这才形成了中建二局东北分公司现有的市场地位。分公司人力资源的来源途径主要有三种：一是局内部优秀人才的交流。交流人才一般仅限于领导层和为数不多的项目经理，虽对分公司的发展具有较强的引领作用，但人数较少；二是社会成熟人才的吸收。此部分人对推动分公司与社会同行业发展接轨具有一定意义，但流动性较大；三是接收大中专毕业生。这也是分公司人力资源来源的主要部分。截止至2012年11月，东北分公司共有自有职工308人（不含聘用社会和退休返聘管理人员100多人）。2004~2012年接收各类大学毕业生254人，占员工比例的82.5%。9年来，公司从各类高等院校招收毕业生300余名，可以说，近几年毕业的青年员工在企业人力资源中的比重相当大，因此依靠和培养这些新生力量快速成长为企业的中坚力量，进一步加快、优化青年人才培养机制的建设，成为公司发展的重要课题。

三、培养青年人才是中建二局东北分公司立足东北市场的关键

青年人才是企业发展力量中最积极最有生气的力量，青年人才资源状况决定着整个企业人才资源的前景。企业综合实力的竞争，归根到底是人才的竞争。培养和造就一大批素质优良、勇于创新的青年人才是实现企业可持续发展的迫切需要，是增强企业综合竞争力的重要举措，也是分公司立足东北建筑市场的关键。只有深刻理解培养人才的理论、方针、政策，才能有好的举措。

在年轻人才培养方面，公司始终坚持"以人为本、尊重知识、尊重人才"原则。海尔集团总裁张瑞敏说："企业是什么？企业说到底就是人。管理说到底，就是借力。你能把许多人的力量集中起来，这个企业就成功了。"可见，只有培养和吸纳青年员工才能使企业不断壮大，走向成功。

美国学者赫兹伯格认为：影响员工工作有两类因素，一类称为保健因素，一类称为激励因素。他认为，人们在工作中感到不满意的因素往往与工作环境和外在因素有关。比如单位的规章、管理的方法、人际关系、工作条件、自身地位、工资福利等，这些因素如果缺少或解决的不好，就会引起消极情绪，从而影响工作积极性，这类因素称为保健因素。另外在工作中，人们感到满意的因素与工作本身特点和工作内容有关，包括事业有成就，得到领导赏识和社会认可，工作本身的乐趣，个人发展的可能性，职务上的责任感和提升等，这类因素被称为激励因素。虽然保健因素也能在一定时间、一定程度上对人才产生激励，但由于工作

本身的满意产生的激励，时间上更持久，内容上更全面，产生的激情更深厚。因此，人本化的管理会更侧重于挖掘和满足员工心中更深层次的愿望，更重视激励因素的运用。激励是人本管理的核心。只有调动激发人的积极性和创造性才能实施计划，组织和控制职能，维持企业的向心力，实现组织的目标。处于知识经济时代，由于物质更加丰富，人的需求由生理、安全、社交需求逐渐转向自尊和自我实现需求的满足，人们更加注重自我价值的实现，因此在激励机制的设计上必须强调激励因素的改善。根据激励因素就是使员工感到满意的因素与工作本身密切相关，可以设计出相应的激励制度，如项目员工模拟持股制度、员工参与管理的晋升制度，使高技术人才能够得到与经理同样的待遇，对有才能的人委以重任，充分发挥其潜力等。不断挖掘激励因素，不断满足深层次的需要，如良好的工作氛围，自主的创新精神，全员参与管理的民主意识，以及自我实现的成就感等正是企业不断发展壮大的深层次原因。当然重视激励因素并不等于要忽视保健因素，即造成职工不满意的因素，这类因素往往是由外界环境引起的，例如公司政策，行为管理和监督方式、工作条件、人际关系、地位、安全和生活条件等，否则会造成员工的不满、怠工、对抗或离职，由此可见，优厚的工资、奖金和福利待遇是不可或缺的。

四、中建二局东北分公司培养青年人才的策略

结合这些理论，在实践中，分公司采取以下六种培养青年人才的策略：

（一）加强领导班子建设，吸纳新人，注重言传身教

企业要发展，班子是关键。一个好的领导班子是带领好企业健康发展的前提和保证。领导班子作为企业的核心，班子成员自身的思想观念、价值取向、工作作风，甚至一言一行都直接影响着企业的风气，感染着周围的职工。中建二局东北分公司现有9名班子成员中，有两名是近几年分配的大学生，2004年毕业生一名，作为营销副总。2006年毕业生一名，作为总经济师。他们是公司青年人发展的标杆，对青年人才的牵引力和辐射力更大。加强领导班子建设要在以下三个方面下功夫：

一是带。处处带头、以身作则、率先垂范，这是领导干部取信于民的基础。在工作中应努力做到"三个带头"：一要带头学习，做学习型的领导干部。会不会学习，重视不重视学习，善于不善于学习，对于一名领导干部的成长至关重要。也直接和间接地影响着青年人才；二要带头深入施工生产一线，指导项目的各项基础工作，帮助青年人才在实践中发现问题、研究问题、解决问题，在落实中求发展、求提高、求创新。三要带头遵守企业的规章制度。"没有规矩，不成方圆。"对于企业的各项规章制度领导班子要带头执行，对青年人才身教胜于言传。

二是勤。勤奋是干好工作的保障。领导班子要带头腿勤、眼勤、脑勤、嘴勤，做到勤于工作、勤于反思。对企业的各项工作做到心中有数，思路清晰，未雨绸缪。对青年人才的表现要勤于了解、勤于评价、勤于引导、勤于帮助。

三是要廉。领导干部做到了廉洁自律，点亮脑子里的红灯，时刻保持清醒头脑，自觉遵守廉洁自律的各项规定，树立领导班子的良好形象，为刚刚进入职场的青年人才起好带头示范作用。

（二）建立分公司导师带徒工作机制和局总部轮换培养机制

面对分公司青年员工不断增加的情况，分公司以"导师带徒"活动为抓手，结合轮换培养机制，深入开展青年人才培养活动。

认真组织签订《导师带徒协议》，让优秀

员工与新毕业学生结对子，坚持导师带徒"定人员、定岗位、定目标"的"三定"措施。通过传、帮、带的形式，对青年员工进行目标培养。进一步完善《导师带徒管理办法》，做到"五明确"，即"明确师徒责任、明确培养内容、明确培养目标、明确出徒时间、明确考核标准"。让师徒签订协议清清楚楚。按照"三定""五明确"措施对导师及学员开展跟踪考评，每年进行一次综合考评，有奖有罚。分公司还分专业建立了"优秀导师库"，并出台"导师工作手册"。做好优秀青年员工的选拔、推荐和任用。

与局总部对口挂钩，加强轮换培养机制。在中建二局总部的帮助下，我们实行人才培养"走出去、请进来"的培养模式，重点在分公司市场部、合约部门选拔优秀青年人才输送到局部对口部门培养，学习局的管控模式和管理方法。一年的学习期结束后，继续回到分公司工作。局总部也根据实际情况，派出管理人员到分公司交流任职。这种轮换培养机制至今已经实行了5年。此举不仅缩短了分公司培养人才的周期，同时也使分公司保持与局的各项管理工作高度一致，上下交流更为顺畅。

（三）建立成熟项目团队裂变机制，通过开展"职业生涯规划"活动，让青年人才脱颖而出，有为有位

在项目管理模式上，分公司一直实行项目目标责任制，使项目责任目标与每个人的切身利益挂钩，确保整个项目部具有很强的执行力。同时通过持续开展"职业生涯规划"活动，帮助青年员工尽快找到适合自己的发展方向。在这种项目氛围中成长起来的青年人，在好的导师带领下，他们成长、成熟、成才的周期都将缩短。各专业独当一面的人才快速涌现，也就促使项目团队尽早成熟而达到裂变。东北分公司近几年的人才主要依靠大项目的裂变，这是分公司自主培养人才的最有效途径。实践中，我们由大连中心裕景项目裂变出沈阳中心裕景

项目，由大连万达公馆项目裂变出大连高新万达广场项目、大连金石滩国际度假区项目，由大连富丽华酒店项目裂变出沈阳友谊商城项目，通过干好现场占领市场把这些大项目当成一个培养人才、塑造人才、吸引人才的摇篮，锻炼和孵化出更多的高水平的、能胜任超高层、大体量工程的施工管理团队。

（四）强化一职多能，对年轻人敢压担子，实行"欠技能上岗"的推优提干方针，敢于"拔苗助长"培养复合型人才

建筑企业需要能掌握专业技术、质量控制、安全生产的专业人才，也需要懂经营、会管理、能胜任党群工作的政工人才。培养青年人才的一专多能，就需要对员工进行多元化的培训和员工的自身的努力学习。实践中，我们通过交叉换岗的方式培养一专多能型人才。通过岗位的调换、人员的交叉任职来达到这一目的，通过岗位和专业间的交流，使管理意识相互渗透、管理方法相互借鉴，管理经验得以推广。促进各岗位、各专业间的交流，促进各部门各层级沟通理解和相互配合。对一些有发展潜力的年轻人，大胆地提拔使用，实行"欠技能上岗"的推优提干方针，敢于"拔苗助长"培养复合型人才。这些"欠技能上岗"的青年员工在富有挑战的工作岗位上，发扬了青年人敢于接受挑战、善于发展创新和能够不断学习的青年精神，这种培养模式，煅造和激励了一大批有潜力的上进青年。项目中很多年轻人是施工生产主要部门的骨干，同时又在党委、纪检、工会、团委等党群系统兼职，既精于专业，又全面发展。

（五）逐步建立公司项目两级班子轮换机制，达到公司人才良性循环

分公司先培养年轻人在项目上锻炼能力，选拔有能力的新生力量逐步充实到公司班子中，同时公司班子中的老同志再到一线项目班子中担任核心成员，发挥经验，施展实力，将多年总结的经验传授给项目班子中年轻成员，为施工一

线奉献力量。形成新老交替互动，达到公司人才良性循环。公司班子中已有两名老同志充实到项目一线，也为两名青年学生腾出了岗位。

（六）注重企业文化建设，使企业有凝聚力和向心力。

什么是企业文化？企业文化说到底是一种企业管理方式，是一种试图用某种精神把职工武装起来、凝聚起来，从而为企业的生存发展忠实奋斗的高水平的企业管理方式。

良好的企业氛围和人文环境能凝聚人心，激发人的创造性，提高团队的战斗能力。近几年来，中建二局的以"诚信、发展、盈利、和谐"为核心价值观的"超越文化"和东北分公司"专心致志则得，精益求精则进，不畏劳苦则成，百折不回则胜"的"四则精神"已经得到广大员工的认同，提倡以"良好的工作环境留人，和谐的人文关怀留人，发展的事业平台留人，有效地激励待遇留人。"使员工与企业在目标、信念和价值观等方面达成高度一致，最终为公司发展创造经济效益和社会效益。目前，中建总公司发布了《中建信条》，并掀起了宣贯践行热潮。企业文化更加有效地指导公司经营管理行为，企业文化建设长效机制进一步形成。

在分公司实行以上六种培养策略以来，截至目前2005届至2011届入职员工中，已有61人提拔到部门领导岗位，其中分公司总部部门副职以上9人，项目部门副职以上52人，平均年龄不到29岁。其中分公司总部主持经济工作的副总经济师孙子人是2006年毕业生，高新万达项目经理刘帅、总工唐元鹏都是2007年毕业生。实现了"一年过关，三年成才，五年成器"的人才培养目标。企业实现了健康、可持续发展。

五、对企业"以人为本"的人才管理策略的一点思考

除了以上六种策略以外，企业管理怎样才能真正体现"以人为本"呢？我认为，还应从三个方面来考虑：首先要建立一个公平、有序的内部竞争环境。许多国有企业之所以陷入困境，很大方面是因为企业内部缺乏竞争机制。同时，任人为亲、拉帮结派的不良风气也会伤害员工的感情。因此，国有建筑企业在人才的开发上是要树立一种风气，建立一种机制，能者为先，任人为贤，将员工的个人事业与企业发展紧紧联系在一起，这也就是我们通常所说的"事业留人"。其次是要建立一种灵活、弹性的用人机制。企业有了竞争，人才得以凸现，这仅仅是人力资源合理开发的体现，更重要的是使企业的人才做到"人尽其才"，这就需要做好人才的调配。"尺有所短、寸有所长"，因此，在人才的使用上应做到"用人之长、更容其短。"一个优秀的工程技术人员不一定就成为一个优秀的管理者，同样，一个善于交际，有经营头脑的管理者也不一定必须具备很强的技术实力。让每一个员工最大限度地发挥自身潜力应该是企业人才管理的最高境界。再者是要建立一套科学、完善的分配机制。国有企业十几年来一直在倡导要打破"大锅饭"。但是，无论是企业的分配机制，还是员工的思想意识，都还保留着一些计划经济的痕迹。"只谈物质不谈精神是害民，只谈精神不谈物质是愚民。"因此，国有建筑企业还需要不断完善薪酬体系，以效益论英雄，以贡献论收入。鼓励员工最大限度的追求阳光下的收入，通过严格的考核、科学的评定，让员工在实现人生价值的同时，获取应有的物质回报，这样才能真正做到"待遇留人。"

中建二局在东北区域施工的除了东北分公司外，还有局属各号码公司，为了加快区域化管理，二局已在东北成立了办事处，从局的层面统一协调，整合各公司资源。相信中建二局在东北市场的发展空间会更加广阔，在发祥之地一定会大有作为。⑤

某集团公司基建工程安全风险管理体系研究与实践

杨俊杰

（中建精诚咨询公司，北京 100037）

基建工程，大中型项目多，生产运作周期长，涉及地域范围广，工种、工序多而繁，技术交叉复杂化，施工协作人员多，加之作业环境等影响，使工程安全风险成为事故隐患中发生比较密集的一项。邓小平说过："安全也是生产力"！没有安全谈何基建？"安全"是指免除了不可接受的损害风险状态。"风险"(risk)则指在某一特定环境下、某一特定时间段内，某种损失发生的可能性，它是由风险因素、风险事故和风险损失等要素组成。基建工程项目在绝大多数情况下，都存在和面临安全方面的不确定性风险，工程项目安全"百年大计，重于泰山"。基建工程的安全生产历来都是党和政府高度重视并以一贯之的十分关注的重点，它关系着人民群众生命财产安全，关系着企业改革发展稳定的大局。胡锦涛明确提出，要坚持节约发展、清洁发展、安全发展，把安全发展作为一个重要理念纳入中国社会主义现代化建设的总体战略。这是对科学发展观认识的深化。党和政府为促进安全生产、保障人民群众生命财产安全和健康进行了长期努力和大量工作。基建工程安全生产，同样经由"安全生产"、"安全第一，预防为主"、"安全第一，预防为主，综合治理"等过程，可见我国对生产安全及风险管理的重要性所采取的认知、原则、方针的变化。国际组织和发达国家早已把安全风险管理推向法制化轨道，我国也于2002年开始实施《中华人民共和国安全生产法》，并于2006年推行国务院国有资产监督管理委员会的《中央企业全面风险管理指引》，该法明确规定了"管生产必须管安全"，还提出了"三同时"和"四不放过"的安全管理原则。

目前，基建工程项目的安全与风险形势和涉及的诸多问题同工程业界一样不容乐观，主要表现为对安全与风险的认知度不深、缺乏以对立统一观处理好安全风险与生产的关系；安全风险管理和监督力度不够、某些单位安全风险管理力量十分薄弱；有法不依、执法不严、违法不究的现象屡见不鲜，时有发生；安全风险的规章制度一则缺失，二则尚未完全落实；安全风险的措施投入不足，一不健全、二不到位；而发生安全事故后的报告及处理既不及时也不够准确；总之，对工程项目的安全风险意识、理念不足，安全教育培训欠缺宽、广、深、力度。我们对基建工程安全风险总体态势的判断是：成效比较明显与问题突出并存；防治力度加大与安全风险现象易发多发并存；安全风险要求的期望值不断提升与安全风险短板难以根治并存；安全风险治理形势的严峻性、突发性与安全风险管理任务的长期性、艰巨性依然并存。

从技术管理视角讲，可以说"21世纪是安全和风险的时代"！"青蛙原理"告知我们：如果把一只青蛙扔到开水中，青蛙会马上跳出，如果把一只青蛙放入凉水中逐渐加热，青蛙会不知不觉失去跳跃能力直到死去。这很能说明安全风险经营管理中的一些问题。若企业的管理者趋于平淡，其内部管理的一些小问题开始被忽略，这些被忽略的若干细节问题，久之就会积重难返。德鲁克在《卓有成效的管理者》中说："管理好的企业，总是单调无味，没有任何激动人心的事件。那是因为凡是可能发生的危机早已被预见，并已将它们转化为例行作业了。"这一管理思想理念被中国海尔发挥得淋漓尽致，进而创造成就了海尔模式，即先进的现代化的OEC管理模式。

在基建工程安全风险研究与实践中，坚持"安全第一、预防为主、综合治理"的国策，逐步建立健全了生产安全风险标准化管控体系或称之为生产安全风险攻略链。体系或链是指以保障实施安全生产目标为目的的，将若干有关生产安全与风险的事物互相联系、互担责任、相互制约的系统而构成一个有机协调的整体，调动和发挥组织、人员、技术、资源的有效组合、无缝对接并进行高质量的充分运作。安全风险管控工作一定要坚持"以人为本"思想，"谁主管谁负责"，认真学习贯彻国家《安全生产法》，贯彻执行《建筑施工安全检查标准》要求的同时，还要考虑国际上先进的安全风险防范理论与实践措施，有必要规范管理行为，提高企业安全生产和文明施工的管理水平，制定一套实用性强、可操作的、流程化、模板化指南，以预防事故事件的发生，实现工程项目安全风险管理工作的细节化、标准化、规范化、制度化，根据有关法规结合中国公司的实际需要，可以研制集团公司作业指导书、基本建设安全施工作业票或建设施工安全基准风险指南等系列成果。英国著名历史学家汤因比说"在进行科学研究时，如将其自身作为目的来追求而不带有功利企图，往往会有意想不到的种种新的发现。"在调研、收集、归纳、整合和提炼安全与风险过程中深感如此。

基建工程的安全风险问题的研究与实践价值在于：安全与风险管理的普适（非普世）价值不容置疑。某集团公司初步实践证明：安全风险的重要地位是不可替代的，它发挥了正能量的作用。一是切实加大了安全风险工作的力度，遏制住重特大安全风险事故频发的势头，它展现出搞好安全风险管理领导是关键。二是强化了基建工程精神文明和施工现场文明建设。三是提高了保护工程项目现场及周边生态环境的意识。四是把保障企业员工和人民群众生命财产安全和健康作为关系全局的重大责任。与集团公司各项工作同步规划、同步部署、同步推进，促进安全风险与企业战略发展相协调。五是充分认识到加强安全风险实践工作的长期性、艰巨性、复杂性。以此为起点分析安全风险形势及其规律性和特点的常态化，抓紧解决安全风险管理中的突出矛盾和问题，有针对性地提出安全风险管控工作的政策举措。

基建工程是一滴水可见太阳的光辉，一个细节可折射南网的形象问题。集团公司人才济济不缺聪明才智，更不缺雄心壮志，特别需要坚持的是对"精与细的追求和执著。"细节能表现出整体的完美，同样也会影响和破坏整体的完美，甚至毁掉整体的完美。我们认知安全风险管理的不等式是：100-1不等于99，而是等于零！因为"千里之堤，溃于蚁穴"，1%的安全风险事故隐患错误会导致基建工程100%的失败。"滴水藏海"——细节不可或缺，大节是一个个细节组成的，没有"细节"哪来"大节"？发达国家跨国公司成功的一个重要技术和手段就是非常重视工程中的点滴细节问题。

管理科学中的"木桶理论"告诫我们：要增大木桶的整体容量，关键是加高桶壁上的短板。如将基建工程管理比作一个大木桶，那安全与风险中的细节，无疑是必须注意加高的短板。域外箴言说得好：简单的事情重复做，你就是专家；重复的事情用心做，你就是赢家。美国人汤姆·拉斯著《盖洛普优势识别器》（升级版）研究表明：与其补短不如取长，一直以来，倡导的是改善劣势。我们研究发现也与此观点认同，只有当第一线操作人员和管理者投入更多的精力来发展自身优势或潜能时，基建工程安全风险管控才更有可能提高其成功率。

我们在研制集团公司指南性手册中特别注意了：一是弥合实际，旨在应用。即针对工程项目中的安全生产存在和潜在的风险事故隐患，或传统性的安全风险及非传统性的安全风险，把国家、公司、工程项目部等提出的解决办法、措施、启示、示例或模式集中化，以便结合本单位自己的安全风险工作参照综合使用。二是尽其覆盖，适用面广。手册中既介绍安全生产一般性程序和各类工程项目的示例，又简而概之地介绍美、英、法、德、日等发达国家的安全风险管控情况及特点，使员工们比较全面地了解发达国家的安全风险管理及其启示，以便学习、借鉴和进一步掌握安全风险管控之要领。三是高度关注，国际接轨。除贯彻落实我国安全风险管控相关性文件外，还应罗列国际上通行的 HSE 标准及主要发达国家有关的安全法律、标准、公约、规范，以供员工深入研究及可持续发展。四是还应反映中外安全风险管理新潮流、新趋势、新模式。近年来，国内外安全风险管控的理论理念、安全风险管控的实施方式以及施工现场的安全操作流程，都有了较大的发展创新，其中不乏某些颇具标杆式、范本式的案例亦选优择佳以供饱享。五是注意编排，新颖喜人。在浩瀚无比的安全与风险领域中，演示模板化、图示案例化、操作流程化等方式，比较直观、立竿见影地使人掌握安全风险和基建工程项目的安全风险实施其旨意资料，借步路径少走弯路，提高安全风险管理效率、效能和效益。

借此，把某集团公司研发安全风险中的几点体验公示，即：一、发达国家有关安全与风险管理的理论与实践的八个启示；二、安全与风险管理十大攻略链；三、安全与风险管理控制十六方面措施；四、安全与风险管控可持续

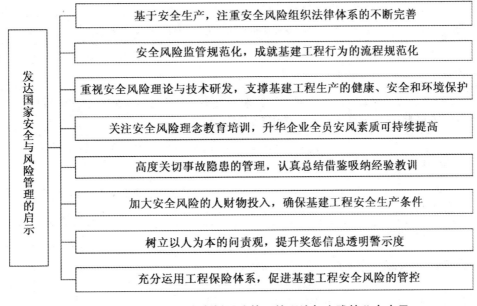

图1　发达国家有关安全与风险管理的理论与实践的八个启示

改进的十项目标等提供给同行们切磋。但自觉对基建工程项目安全风险这个重大课题尚未达"总其根者，不求其末"之地步，措置失宜、挂一漏万之处在所难免，敬请业内人士和专家学者不吝赐教。

一、发达国家有关安全与风险管理的理论与实践的八个启示

国学大师王国维倡言"学术无新旧之分，无中外之分，无有用无用之分"。还说"学术是目的，不是手段"。蒋梦麟先生说"学术者，一国精神之所寄。学术衰，则精神怠；精神怠，则文明进步失主动力矣。故学术者，社会进化之基础也。"

发达国家有关安全与风险管理的理论与实践的八个启示见图1。

二、安全管理十大安全与风险攻略链

什么叫创新呢？创新是当今世界出现频率非常高的一个词，但它又是一个非常古老的词。在英文中，创新是 Innovation，它这个词起源于拉丁语。它原意有三层含义，第一个是更新。第二个是创造新的东西。第三个是改变。创新作为一种理论，它的形成是在20世纪的事情，由经济学家、管理学家、美国哈佛大学教授熊彼特于1912年首次把创新引入了经济管理领域。基于此，我们初步设计并实施了安全风险十大攻略链。

确保工程项目安全与风险的十大攻略链如表1所示。

确保工程项目安全与风险的十大攻略链　　　　表1

攻略一	安全风险教育培训系统链	年年、月月、日日安排安全风险文化教育、安全风险培训科目和安全风险活动，警示安全风险意识、理念、方针、目标
攻略二	安全风险组织机构保证链	建立健全工程项目安全风险保障体系，公司、各部门、项目部及班、组，设置安全风险主管、实施安全风险责任制
攻略三	安全风险制度保证链	制定安全风险总体的、全员的、技术措施的、工程作业现场的各项保障实施有效的制度
攻略四	工程质量保证安全风险链	针对不同项目的工程专业特点，根据合同条件规定，制定符合要求的细节化的专业质量标准，包括设计、施工、采购、交验、试运行等内容
攻略五	实施工程专业操作链	施工现场严格按照专业操作规程进行操作，强化监督、监测、检查和执行力
攻略六	强化安全风险监督管理机制链	依据国务院、政府主管部门、行业等安全风险监管标准化要求，严肃、严格、严厉地进行到位管理
攻略七	建立工程安全风险评估评价链	自始至终开展对工程的安全风险评估、安全风险评价活动，使工程安全风险处于高度的防患于未然状态
攻略八	建立标准化的事故隐患排查治理链	根据国家、行政部门等法律法规、条例规定等建立健全标准化的安全风险事故隐患排查治理链（法制化、规范化、细则化）
攻略九	健全紧急救援预案链	投入人、财、物及整合资源和力量，保障对事故和隐患的整改、治理
攻略十	工程安全风险科技创新链	借鉴国内外安全风险管理的现代化、先进的理论经验，吸收、总结、可持续发展

三、安全风险管理控制的十六个方面措施

从技术措施角度讲,安全风险管控是一个企业生命的重要组成部分,我们提出了基建工程安全风险管控的十六个方面措施(图2)。

吕氏春秋一书中载明:"治乱存亡,其始若秋毫,察其秋毫,则大物不过矣。""见之

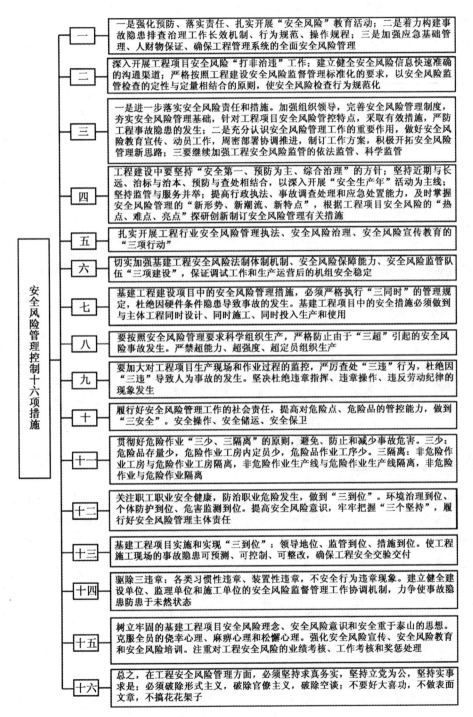

安全风险管理控制十六项措施

一 一是强化预防、落实责任、扎实开展"安全风险"教育活动;二是着力构建事故隐患排查治理工作长效机制、行为规范、操作规程;三是加强应急基础管理、人财物保证、确保工程管理系统的全面安全风险管理

二 深入开展工程项目安全风险"打非治违"工作;建立健全安全风险信息快速准确的沟通渠道;严格按照工程建设安全风险监督管理标准化的要求,以安全风险监管检查的定性与定量相结合的原则,使安全风险检查行为规范化

三 一是进一步落实安全风险责任和措施。加强组织领导,完善安全风险管理制度,夯实安全风险管理基础,针对工程项目安全风险管控特点,采取有效措施,严防工程事故隐患的发生;二是充分认识安全风险管理工作的重要作用,做好安全风险教育宣传、动员工作,周密部署协调推进,制订工作方案,积极开拓安全风险管理新思路;三要继续加强工程安全风险监管的依法监管、科学监管

四 工程建设中要坚持"安全第一、预防为主、综合治理"的方针;坚持近期与长远、治标与治本、预防与查处相结合,以深入开展"安全生产年"活动为主线;坚持监管与服务并举、提高行政执法、事故调查处理和应急处置能力,及时掌握安全风险管理的"新形势、新潮流、新特点",根据工程项目安全风险的"热点、难点、亮点"探研创新制订安全风险管理有关措施

五 扎实开展工程行业安全风险管理执法、安全风险治理、安全风险宣传教育的"三项行动"

六 切实加强基建工程安全风险法制体制机制、安全风险保障能力、安全风险监管队伍"三项建设",保证调试工作和生产运营后的机组安全稳定

七 基建工程建设项目中的安全风险管理措施,必须严格执行"三同时"的管理规定,杜绝因硬件条件隐患导致事故的发生。基建工程项目中的安全措施必须做到与主体工程同时设计、同时施工、同时投入生产和使用

八 要按照安全风险管理要求科学组织生产,严格防止由于"三超"引起的安全风险事故发生。严禁超能力、超强度、超定员组织生产

九 要加大对工程项目生产现场和作业过程的监控,严厉查处"三违"行为,杜绝因"三违"导致人为事故的发生。坚决杜绝违章指挥、违章操作、违反劳动纪律的现象发生

十 履行好安全风险管理工作的社会责任,提高对危险点、危险品的管控能力,做到"三安全"。安全操作、安全储运、安全保卫

十一 贯彻好危险作业"三少、三隔离"的原则,避免、防止和减少事故危害。三少:危险品存量少,危险作业工房内定员少,危险品作业工序少。三隔离:非危险作业工房与危险作业工房隔离,非危险作业生产线与危险作业生产线隔离,非危险作业与危险作业隔离

十二 关注职工职业安全健康,防治职业危害发生,做到"三到位"。环境治理到位、个体防护到位、危害监测到位。提高安全风险意识,牢牢把握"三个坚持",履行好安全风险管理主体责任

十三 基建工程项目实施和实现"三到位":领导地位、监管到位、措施到位。使工程施工现场的事故隐患可预测、可控制、可整改,确保工程安全交验交付

十四 驱除三违章:各类习惯性违章、装置性违章,不安全行为违章现象。建立健全建设单位、监理单位和施工单位的安全风险监督管理工作协调机制,力争使事故隐患防患于未然状态

十五 树立牢固的基建工程项目安全风险理念、安全风险意识和安全重于泰山的思想。克服全员的侥幸心理、麻痹心理和松懈心理。强化安全风险宣传、安全风险教育和安全风险培训。注重对工程安全风险的业绩考核、工作考核和奖惩处理

十六 总之,在工程安全风险管理方面,必须坚持求真务实,坚持立党为公,坚持实事求是;必须破除形式主义,破除官僚主义,破除空谈;不要好大喜功,不做表面文章,不搞花花架子

图2 安全风险管理控制的十六个方面措施

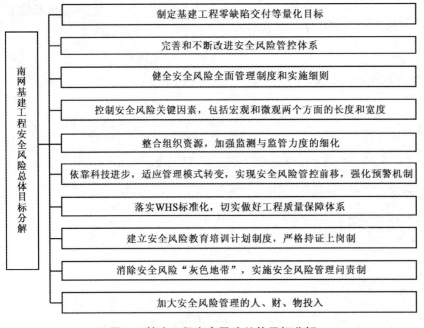

图3 基建工程安全风险总体目标分解

南网基建工程安全风险总体目标分解

- 制定基建工程零缺陷交付等量化目标
- 完善和不断改进安全风险管控体系
- 健全安全风险全面管理制度和实施细则
- 控制安全风险关键因素，包括宏观和微观两个方面的长度和宽度
- 整合组织资源，加强监测与监管力度的细化
- 依靠科技进步，适应管理模式转变，实现安全风险管控前移，强化预警机制
- 落实WHS标准化，切实做好工程质量保障体系
- 建立安全风险教育培训计划制度，严格持证上岗制
- 消除安全风险"灰色地带"，实施安全风险管理问责制
- 加大安全风险管理的人、财、物投入

以细，观化远也"，"于安思危，于达思穷，于得思丧"，"危困之道，身死国亡，在于不先知化也。""患未至，则不可告也；患既至，虽知之无及矣。"等等先进的有备无患的哲理，这里的知化，就是告诫我们要预见事物发展变化的趋势，防患于未然，及早采取有针对性的主动措施。

四、基建工程安全与风险全面管控指标瞄准国际标准和发达国家

在遵循师国策与师国际并重的原则，深入学研国家有关安全风险的大政方针政策和ISO27000等国际组织和发达国家相关安全与风险管控标准的背景下，将某集团公司基建工程安全风险总体目标分解为可操作、可测量的10个具体目标（图3）。

另外，设置和健全某集团公司基建工程安全风险评估中心亦是不可缺少的必要组织保障：是旨于对基建安全风险出现的问题及时准确的诊断；对基建安全风险进行有效的动态管控；深化安全风险方方面面的程序性创新性流程再

造，特别在安全风险文化研发新内容；在安全风险实践的基础上，运用现代化理论进行研发集团公司独立自主产权式的安全风险模式。我们相信，如此走下去的科研成果会大为提升和凸显集团公司的基建工程的综合实力，在此领域中的安全风险实践肯定做得风生水起，实现基建工程的"零缺陷""零风险"和"三领先"，即基建工程的安全风险管理领先、工程质量安全领先、安全风险管控模式领先目标指日可待！

参考文献

[1] 杨俊杰. 工程项目安全与风险全面管理模板手册 [M]. 北京：中国建筑工业出版社，2012.

[2] 某集团公司建设施工安全基准风险指南.

[3] [美] 汤姆·拉斯. 优势识别器 [M]. 北京：中国青年出版社，2012.

[4] 中华人民共和国国家安全生产监督管理局. 中华人民共和国安全生产法 [Z]. 2002.

[5] 国务院国有资产监督管理委员会. 中央企业全面风险管理指引 [Z]. 2006.

[6] [美] 彼得·德鲁克（Drucker.P.F.）著；李维安，等.译. 德鲁克管理思想精要（珍藏版）[M]. 北京：机械工业出版社，2005.

[7] [美] 彼得·德鲁克. 卓有成效的管理者 [M]. 北京：机械工业出版社，2005.

[8] 杨俊杰. 业主方工程项目现场管理模板手册 [M]. 北京：中国建筑工业出版社，2011.

华为公司国际市场战略重心转移研究

——从美国市场转向欧洲市场

王 萌

（对外经济贸易大学国际经贸学院，北京 100029）

华为投资控股有限公司（以下简称"华为"），作为中国民营企业中少有的世界500强，早已成为国际通信设备市场上的重要供应商。2012年华为营业收入强势接近通信设备龙头瑞典爱立信公司，成为行业世界第二，但是其在各国通信设备市场上的地位却由于多方面的因素而大相径庭。近日，长期在美国市场不得志的华为宣布美国运营商通信设备将被排除在业务重心之外，并表明其业务重心转向欧洲。华为对政治环境和市场环境的应对、重心转向欧洲的策略为企业国际化战略提供了生动的案例，本文将对这些问题进行分析并得出思考启示。

一、华为在美国市场和欧洲市场的表现

根据华为2012年年报，华为2012年收入最大部分来自于欧洲、中东、非洲市场，占总收入的35.16%，这其中欧洲市场显著大于中东和非洲市场。而美国市场收入仅占14.46%。与2011年相比，欧洲、中东、非洲市场收入增加6.11%，美国市场增加4.25%。华为是欧洲主要的通讯设备提供商，所占市场份额约20%，但在美国市场上，华为所占市场份额不到5%。

如此巨大的反差是因为什么？在美国市场华为遭受的来自政府的"限制"为这一问题提

供了一些线索。2007年，华为联合贝恩资本意图收购美国3COM公司，但美国外国投资委员会以"国家安全"问题为由拒绝对收购案放行。2010年华为计划收购美国3Leaf公司的特定资产，却在2011年收到外国投资委员会的否决通知。

华为在欧洲的业务量很大，在美国则非常小。欧洲市场上华为与英国、西班牙、德国、意大利、瑞士等国顶级运营商合作密切，频有大单。美国市场上华为虽多次努力竞标却至今没有获得AT&T公司、Sprint公司、T-Mobile公司等美国主流电信运营商的一笔大单。2010年8月，华为参加Sprint公司50亿美元网络升级项目竞标，因安全问题被排除在名单外。

二、华为在政治环境方面的应对

1、通信设备监管审查

美国由国土安全部负责美国信息与通信安全，美国司法部和联邦调查局负责对网络犯罪的调查和起诉工作，美国商务部会出于国家安全考虑阻止一些基础通信网络设备的采购。通信设备审查主要由美国众议院情报常设特别委员会完成。华为与该机构早有过招，2011年9月情报常设特设委员会以国家安全为由对华为和中兴通讯展开调查，经过一年的调查，该委

员会发布报告称华为和中兴可能威胁美国国家通信安全。

欧洲通信监管主要由各国独立进行。英国政府对在英销售的非欧盟产通信设备实施安全认证，具体认证工作由政府通信总部负责，由其进行产品安全评级服务 (CPA)，包括基础型安全评级和增强型安全评级。华为在欧洲为监管当局所接受。在英国，华为通过英国网络安全认证中心对产品进行独立的安全评估；在西班牙、加拿大等地，华为和第三方安全测试机构合作，对华为产品进行独立的安全审查和认证，如 CC 认证等。华为把从这些评估中的要求应用于优化其所有的流程、标准和政策。

2、通信设备行业投资监管

在美国，《2007 年外国投资与国家安全法》（Foreign Investment and National Security Act, FINSA）对外国投资做了严格的监管规定，并规定外国投资委员会 (Committee on Foreign Investment in the United States, CFIUS) 负责外资审查工作。在此前提到的华为收购3COM 的业务中，华为仅占收购 16.5% 的股权，却被外资委员会特别关照。这是外国投资委员会行使 FINSA 实施细则的结果：外国投资委员会只要存在疑虑，不论其入股比例多少都可以进行干涉。

在欧洲，各国独立行使监管。英国、德国和法国对直接与国家安全有关的投资项目会进行官方的国家安全审查。但华为在欧洲的投资并购一直非常顺利。2012 年 1 月华为宣布完成对英国集成光子研究中心 CIP 的收购。这次收购加强了华为在英国研发力量。华为的欧洲投资扩张较少遇到政治干涉，2010 年华为还斥资 1000 万美元从比利时 Option 公司收购 M4S 公司。

3、知识产权问题

在美国，常通过《1930 年关税法》中的"337 条款"对侵犯美国知识产权的企业进行制裁。

近年来美国对华为发起的"337 调查"次数繁多。从 2011 年 8 月 25 日到 2013 年 4 月 18 日，美国国际贸易委员会就对华为展开了 6 次"337 调查"。这样频繁的调查显示的更多是政治意图而非知识产权的保护。

不仅政府层面，华为在美国遇到了几起大的企业知识产权纠纷。2003 年思科公司在美国指控华为对思科专利形成至少 5 项侵权，裁判结果使华为不得不放弃企业业务领域，但华为的积极应对使得法院裁定思科不得再就同样问题起诉华为。2011 年华为在美国起诉摩托罗拉公司向诺基亚西门子通信公司转移华为机密信息，最终与摩托罗拉达成和解维护了自身权益。形成反差的是，华为近年没有发生与欧洲公司的重大知识产权纠纷。

与此同时，华为积极在欧洲申请专利。截至 2012 年 12 月 31 日，华为累计申请中国专利41948 件，国际 PCT 专利申请 12453 件，外国专利申请 14494 件。累计共获得专利授权 30240件。2012 年初在云计算相关技术上拥有中国专利 685 件、欧洲专利 226 件、美国专利 107 件。

四、华为在市场环境方面的应对

华为的业务模式是 ICT 模式，即三大主要业务：运营商网络、企业业务和消费者业务。运营商网络市场是华为一直以来的主业，企业业务是 2011 年华为重新进入的，消费者业务主要是通讯终端如智能手机的销售，这部分业务也是华为新的业务增长点。如表 1 所示，这三部分的市场行情不同。

华为公司各部分收入占比   表 1

百万元人民币	2012 年	占比	2011 年	占比
运营商网络	160093	0.72704	149975	0.73543
企业业务	11530	0.05236	9164	0.04494
消费者业务	48376	0.21969	44620	0.2188
其他	199	0.0009	170	0.00083
合计	220198		203929	

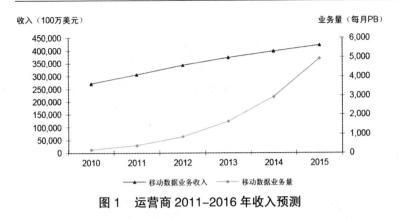

图 1　运营商 2011-2016 年收入预测

1、通信设备市场不景气

虽然运营商的移动数据业务量呈几何级数增长，但移动数据收入仅有一个较为平稳的增长（图 1）。由于监管规定和客户需求等外力的影响，电信运营商对设备投资持谨慎态度，对网络设备的资本支出进行控制。

全球范围内，资本密集度水平仍十分稳定，尤其是美国市场的资本密集度发生了一个较大的下降，而欧洲市场电信运营商在新设备采购这方面甚至相对而言是最不活跃的。这对于华为等运营商通讯设备制造商而言意味着市场需求的减少。

图 2 为 2008-2011 年第二季度各大洲电信运营商的资本支出比例。

2012 年以来，全球通信设备制造业形势果然急剧恶化。2012 年前三季度，全球五大通信设备制造企业（华为、爱立信、阿尔卡特 - 朗讯、诺基亚西门子通讯和中兴）合计收入同比下降

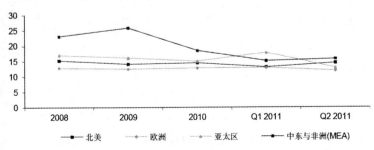

图 2　2008-2011 年第二季度各大洲电信运营商的资本支出比例

3.1%，为金融危机以来最严峻的一年。

2、市场竞争环境

华为在欧洲已经成为通信设备市场前三强，但是在美国市场上所占份额极小。在欧洲市场上，诺基亚西门子通讯约 40%，爱立信约 30%，华为约 20%，中兴约 5%。但在美国市场上，华为的份额很小。爱立信份额约 50%，阿尔卡特 - 朗讯约 20%，诺基亚西门子通讯约 20%，三星约 10%。结合政治环境，华为在美国通信设备市场几乎没有发展前途。

华为与通信设备行业第一的爱立信比较，主要差距就在美国市场。2012 年华为的运营商收入比爱立信少了将近 100 亿美元，而爱立信去年在美国有 100 亿的收入，可见这两个公司的差距主要在美国市场。但是爱立信在企业和消费者业务方面几乎不涉及，华为利用企业和消费者业务与爱立信达到了同样的收入水平。

3、向企业和消费者业务方面发力

华为的竞争对手面对市场环境变化均积极求变，剥离盈利低的业务部分。爱立信全力集中在运营商网络领域，放弃企业和消费者市场；阿尔卡特 - 朗讯着力发展光纤宽带，积极出售企业业务；诺基亚西门子加快剥离移动宽带之外的其他产品线，已出售 WiMAX 系统、光网络和业务支持系统 (BSS) 等非核心业务。

华为在运营商通信设备业务收入增速放慢的情况下，企业和消费者终端业务成为新的增长点，由于 2003 年与思科发生纠纷以前华为在企业业务上有相当多的经验，这方面发展相当迅速。华为 2012 年相

较 2011 年各部分收入增幅如下：运营商网络 6.75%，企业业务 25.82%，消费者业务 8.42%，其他业务 17.06%。

华为预计未来五年（2013–2017 年）销售收入年复合增长率将达到 10%。其中运营商业务收入占华为总收入占比将从 2012 年的 73% 下降到 2017 年的 60%；企业业务占华为收入占比将从 2012 年的 5% 增长到 15%；消费者业务收入占比将从 2012 年的 22% 增长到 25%。

四、华为向欧洲市场的重心转移的策略

1、加大对欧洲市场的投资

华为年报显示，2012 年公司加强了在欧洲的投资，重点加大了对英国的投资，在芬兰新建研发中心，并在法国和英国成立了本地董事会和咨询委员会。2012 年 9 月，华为宣布了一项针对英国的 13 亿英镑的长期投资和采购计划，将直接投资 6.5 亿英镑，未来五年为当地至少创造 700 个工作岗位，另外 6.5 亿英镑的投资主要通过采购方式完成。

2、在欧洲建立海外研发中心，推进研发国际化

2012 年末华为宣布在未来 5 年时间里将投资 7000 万欧元，在芬兰赫尔辛基建立研发中心。研发国际化将加强华为的研发实力，并将增强其产品在国外的竞争力。赫尔辛基研发中心将成为华为终端的核心研发基地，华为此前在瑞典建立了技术设计中心，在英国建立了消费者界面研发中心。

3、调整 ICT 模式下三块业务对各市场的倾斜

华为在欧洲将快速发展其主要的运营商业务并重视其他两项业务，在美国将不把运营商业务作为增长点。2012 年年报显示华为欧美和独联体持续高速增长，其中欧洲专业服务增长超过 60%，而美国主要是消费者业务的增长，

连续两年增长超过 100%。华为副总裁徐直军表示在运营商业务方面，未来主要的增长市场是发达国家地区，但不包括美国。

4、解决欧洲当地就业问题，雇佣当地员工

2013 年 4 月，华为计划在未来五年里在欧洲雇用 5500 名员工，使华为在欧洲地区的员工总数达到 1.3 万人。同期阿尔卡特 – 朗讯称将裁员 5500 人，爱立信宣布将在瑞典裁员 1550 人，诺西通讯 2011 年宣布计划裁员 1.7 万人。华为为欧洲国家增加就业机会是欧洲各国政府欢迎华为的重要原因。

5、增强对欧洲运营商的管理服务能力

服务是华为与运营商合作重要战略，"帮助客户从'以网络为中心'的运维支撑能力向'以客户体验为中心'的运营管理能力转身"。华为的管理服务在欧洲、亚太等市场实现规模增长。尤其是在欧洲发达市场，实现了规模突破，为英国、西班牙、德国、意大利、瑞士等国运营商提供管理服务。

五、华为战略重心转移的启示

华为从美国市场的壮志难酬到重点在欧洲市场发展，其在市场环境的应对和策略上为其他企业的国际化提供了经验。哪些因素是选择市场时的重要因素，如何令外国市场更接纳本企业，这些从华为的转变中能得到有益的启示。

1、企业国际业务应考虑政治环境

政治因素表现在监管、法律等方面，对国际业务的发展前途起到了重要的影响。一国在监管、知识产权保护方面的决定一方面是基于制度要求和客观事实的，但更反映了该国的政治倾向。从华为在美国和欧洲截然不同的遭遇，我们有充足的理由去怀疑监管当局和司法当局所做出的决定受到了政治倾向的左右，而不再仅仅是对事实的客观评判。美国的屡次阻挠，与对中国的遏制策略有关，也与对本土企业的

技术和市场保护有关。而欧洲对华为的接纳是因为其急需外国投资刺激经济、扩大就业，并且更少担心本土通讯设备制造企业会在与华为的竞争中失利。因此，对政治环境的认识有助于企业对市场策略进行选择。

2、配合投资国相关审核认证程序

投资国的政策应作为企业投资中的准则，积极参与投资国的相关审核认证程序、申请投资国相关专利技术，会显著地使企业更容易进入该国市场。华为在欧洲积极参加认证测评，并且把从认证中学到的知识用于生产标准和流程的改善。事实上英国电信运营商在使用华为产品的时候需要密切参考这些认证，在英国通过基础型安全认证的设备可用于低风险环境，通过增强型安全认证的产品适用于中等风险环境，可用于处理受限和某些机密数据。这样的努力不仅让其产品提高了质量，也让华为在国际市场上学会做一个"世界企业"而不只是一个"中国企业"。做到了开放、适应和本土化的企业才能在外国市场上更好生存。

3、根据市场情况调整业务种类

企业国际经营中要对世界市场环境做出敏锐的洞察，在业务布局上做出相应调整，在各个不同的市场上依不同情况重点发展不同模块。华为作为一个典型的运营商通信设备提供商，在近年来做出了重大的变革。向企业业务和消费者业务的进军是决定命运的重要抉择，事实证明，华为看准了市场，新的业务领域使其抵住了市场风险，跑过了大市，比过了竞争者。

在分地区的市场上，华为重视发展不同的业务，这也表现了积极调整的重要性。在洞悉了美国市场不可能在运营商设备方面有大发展以后，华为把美国市场的重点放在了新兴业务上，由于其在这些业务上没有绝对优势，这决定了美国市场不是最主要的市场。但如果将来企业和消费者业务发展强劲，美国市场就会迸发出新的活力。

4、科研国际化增加了活力

对于高新技术企业，科研国际化既体现了企业的实力也增强了企业的实力。Serapio 和 Dalton 将跨国公司海外研发投资的动机分为需求驱动型动机和供给驱动型动机。需求驱动型是为了实现技术本地化，支撑跨国公司在东道国的生产与销售及满足东道国管制的要求；供给驱动型则是为了获取先进技术、寻求短缺研发的资源、降低研发成本和寻求更有利的研发环境。通讯技术是全球性的，应该说对于华为的科研国际化这两方面的红利都是有的。科研国际化是华为的重要投资方向，也为欧洲当地创造了就业，是市场重心转移的重要表现，为华为在欧洲的长远发展奠定了基础。

参考文献

[1] 华为投资控股有限公司 2012 年年报，2012.

[2] 华为投资控股有限公司 2013 年年报，2013.

[3] 欧文移动语音与数据业务预测 2011-2016，2012 年 1 月；思科虚拟网络指数（Cisco Visual Networking Index）.

[4] 欧文网络基础设施报告（Network infrastructure report），2011 年 9 月 19 日.

[5] 中华人民共和国商务部.国别贸易投资环境报告 2013——通信设备制造业分册.2013.

[6] Dalton D.H, Serapio M.G. Globalizing Industrial research and Development [R]. US Department of Commerce, Technology Administration office of Technology Policy, 1999.

建设单位工程项目全过程投资控制

武建平

（北京诚信少康工程造价咨询有限公司，北京　100097）

工程项目投资是一个动态的过程，建设单位的投资控制也相应地贯穿于项目建设的全过程。笔者认为，从投资控制管理程序角度看，决策阶段、部分设计阶段的投资偏差，建设单位需要通过调整概算弥补，工程实际实施各阶段的投资偏差则要通过细致、严密的控制管理来避免。笔者结合工作实践，从建设单位全过程投资控制管理的常见问题入手，分析探讨投资失控、严重超概算问题产生的原因，提出控制工程项目投资需要努力在项目决策阶段、设计阶段、招标投标阶段、施工阶段、竣工结算阶段把建设工程造价的发生额都控制在批准的投资限额以内，并随时纠正发生的偏差，确保投资目标的实现，以获得最佳的经济效益和社会效益。建设单位还要结合工程项目的资金支付、结算流程，合理规避可能发生的投资成本增加风险。针对建设项目实施建立一套专业性强、会管理的项目管理机构，完善技术经济的联动机制，从源头上做好投资控制管理工作。

一、当前建设单位工程项目全过程投资控制常见问题

建设工程全过程投资控制，就是在决策阶段、设计阶段、招投标阶段、施工阶段和竣工结算阶段，事先主动进行工程相关经济指标的预算、估算、测算，积极参与工程项目建设的全过程，正确处理技术先进与经济合理两者间的对立统一关系，把控制工程项目投资观念渗透到各项设计和施工技术措施之中，为领导层在投资决策、设计和施工等过程中做好经济参谋，保证项目投资管理目标的实现，提高工程投资效益。

我国当前投资管理体制，有着严格的管理程序。包括立项审批制度、政府采购制度、项目评审程序、项目管理制度，为有效控制工程造价提供了制度保障。但在具体建设工程项目实施过程中，受建设单位领导的工作能力及各参与单位业务人员专业能力有限影响，投资偏差随时都可能发生。主要表现在无法事先做好预测和评估，项目功能要求不断变化，决策有偏差；对工程造价影响大的设计阶段不能主动加以控制，招标阶段无有效指导施工过程及结算的合同条款，在施工阶段工程技术处理与工程造价结合不到位，签证无有效的监控管理审批程序；结算审核阶段面对大量失真的数据和资料，很难全面地去伪存真。如果在工程项目建设各个阶段不能合理地投入人力、物力、财力，最终会导致工程造价失真，投资失控。

（一）立项决策阶段投资控制常见问题
本阶段主要取决于参与决策的建设单位领导的经验与战略眼光，各个业务部门的专业需求评估与功能设置配合。在使用功能详细、投资效益明确、建设规模合理、建设资金有保障

的条件下，决策层做好正确的投资决策是项目成功的关键一步。有些政府投资项目的使用单位，利用工程项目建设机会，在缺乏财政监督的情况下，故意扩大建设范围，先斩后奏；利用职权趁项目立项之便，侵占国家财政资金，追求小单位利益；一些政府投资项目先天缺乏科学的决策机制，长官意识主导项目主观决策。

案例1：擅自扩大规模或提高标准

某培训中心改扩建工程项目，投资立项中有锅炉房改扩建工程，投资概算批准改扩建锅炉房投资50万元，并更换设备；建设单位在施工前期，提出在锅炉房用地上增加洗衣房，增加建筑面积是批复锅炉房面积的1倍。此项变动导致单项工程投资增加，施工过程中资金缺口巨大。

该项目立项后，建设单位又对室外广场、屋面装饰、热力、电力、信息工程等提高标准、增加功能配置，造成实施阶段投资严重不足。受财政资金集中支付的限制，进度款压力大。施工过程资金缺口达2000万元左右，建设单位无有效的解决途径。

（二）设计阶段投资控制常见问题

设计阶段也是建设单位工程项目投资控制的重点。据有关资料，设计费虽然只占建设工程全寿命费用的1%左右，却能在很大程度上影响工程造价。由于部分建设单位专业素质较低，在工程建设项目设计阶段先天缺乏综合判断、协调指挥能力，而到施工阶段甚至是建筑主体已完工，才突然认识到不能满足使用要求，只能频繁变更设计，导致施工工作困难增加，甚至为工程留下质量隐患。

案例2：设计变更过多

某项目新建学生宿舍地下室设计为学校员工宿舍兼仓库，设计单位由于设计任务紧、与建设单位沟通不畅等种种原因，在施图设计中，没有水电管线预埋设计和门窗设计。施工单位照图施工，施工前未提出任何问题。在结构完成后才提出问题，设计单位更改设计，重新布管，大量的剃槽、开洞费用造成工程资金浪费严重。更为严重的是该栋楼的给排水设计，由于设计及施工技术问题未处理好，导致新建工程给水水质在入户后发生变化。工程虽已经投入使用，但由于水质不合格，设计施工反复整改，找不到真正的原因。此项失误导致建设单位、施工单位都损失巨大。

设计单位对某项目地下水影响估计不足，未考虑地下水浮力，体育馆设计概算中基础设计采用筏板结构，房心素土回填。项目已经按此方案立项审批，施工图强审阶段专家评审意见认为需增加抗浮设计。补救措施为地基回填高密度钢渣混凝土，增加投资600万以上。该项目报告厅工程，由于设计单位对建设单位使用功能了解不足，结构施工完成后，又进行多处结构加固，造成工程的投资增加近百万元。该项目一系列的设计变更，导致投资控制难度加大。

（三）招投标阶段投资控制常见问题

建设单位在招投标阶段常见问题表现在不了解市场规律，接受施工方盲目低价中标；接受施工单位严重不平衡报价；中标后肆意扩大指定材料和设备；合同签订没有具体的处理变更及结算条款。这些都为项目后期实施阶段投资控制带来麻烦。另外，招投标文件、合同文件等不够严密、不明确，施工合同类型选择不当，合同条款内容不真实、不完备、不具体；缺乏违约责任的具体约定等问题，都容易引起施工或结算阶段扯皮，影响工期及造价。任何纠纷都会给施工单位可乘之机，很有可能导致投资失控。

案例3：招标阶段不清标，不及时处理严重不平衡报价

某高级公寓装修改造工程，建设单位单独发包，施工单位深化设计，提供设计方案，并按方案投标报价。中标文件中灯具、水暖设备报价存在严重不平衡报价。以 T5 支架灯管为例，施工方报价每套 230 元并写入合同清单价中，这与市场价格严重偏离，而且施工方案中的工程数量较合同中的工程量增加 3 倍。如果以此价格结算，建设单位该项投资至少增加 60 万元。

案例 4：合同签订不严密

案例 3 所述的装修改造工程项目，施工合同未约定是否可以直接发包门窗电梯等材料设备，施工过程中，施工单位自行招标，报价较市场价高 2 倍。建设单位经过市场询价，对施工单位的提价行为进行干预，最终按市场价对电梯设备定价，挽回损失近 70 万元。

在壁纸施工过程中，施工单位提供样板间，建设单位认可，施工单位借机要求建设单位对所使用壁纸重新认价，报价每平方米 200 元，使用量近万平方米。此项主材施工单位合同价每平方米 35 元。建设单位经与材料供应商谈判，最终定为每平方米 90 元，约定材料供应商负责壁纸铺贴，同时与施工单位共同签署材料价格确认单。由于建设单位未与材料供应商直接签合同，施工单位采购的则是其他供应商的产品。由于合同中没有甲方指定材料相关处理条款，造成一旦施工单位弄虚作假，不但材料质量不能保证，且建设单位维权挽回损失难度加大。

（四）施工阶段投资控制常见问题

施工阶段是投资控制非常重要的阶段，大量不确定因素在此阶段发生，大量的设计变更、洽商、签证发生。这些现象部分原因是工程实际需要，部分原因是由于施工单位为改变低价中标的亏损状态，而引导建设单位的一种手段。一是施工单位常常利用工期为胁迫条件，迫使建设单位接受其变更设计方案、替换材料等调价要求，甚至和建设单位工程部门人员、监理人员勾结，将土石方等隐蔽工程签证量加大数倍，造成投资增加；二是施工单位与少数设计单位勾结串通，在施工过程中制造很大的设计变更，为施工单位的高价索赔提供方便。如：设计变更偏多，无价材料价格签证偏高，隐蔽工程验收不到位，甚至存在弄虚作假现象，监理单位监管不力，甚至与施工方共同作弊，联系单的签证存在不明确、内容界限超合同、甚至不真实的情况。更改设计、盲目签证，引起索赔等问题的存在都会导致工程造价的增加，投资失控风险很大。三是施工单位常常以市场没有相关型号产品为由或诱导建设单位提高装修档次，要求建设单位对材料重新认价。而当建设单位认价完成后，施工单位却采购低档次的产品用于工程，给建设单位的投资控制带来困扰。

案例 5：施工单位针对不平衡报价更改设计

某项目的施工合同清单综合单价中土方回填项目只有灰土回填项，且报价极高，属于明显的不平衡报价。进度款审核过程中，建设单位造价人员指出施工图纸上要求为素土回填，并调整清单综合单价为素土回填，支付进度款。其时监理单位已经对该分部分项验收完毕。结算时，建设单位审核发现施工单位办理了土方回填的变更手续，回填土为灰土，此项变更导致金额变化 40 万元。建设单位经过各部门的协调，查阅隐蔽工程施工验收记录，查清事实，挽回了损失。

案例 6：盲目签证

某项目室外广场石材施工过程中，施工单位利用广场分区施工、施工顺序间隔较长的机会，将 2200 平方米石材铺装重新办理签证单，并在结算过程中单独申报签证费用，申报金额近 50 万元。这种签证具有很大的迷惑性，且金额巨大，非常容易被施工单位蒙蔽。而签证程序的管理漏洞也为施工单位虚报费用提供可乘之机。

案例 7：索赔处理

某高级公寓装修改造结算过程中，施工单

位提出工期索赔 300 万元。建设单位造价人员仔细研究合同，发现合同中没有开工竣工时间的约定，并且在合同中规定，施工单位不能因为建设单位推迟开工日期而向建设单位提出任何损失索赔，因此建设单位直接驳回了施工单位的索赔请求。

案例 8：材料认价

某高级公寓装修改造合同中，施工单位在卫生间装修设计上更改材料，将瓷砖墙面改为部分石材墙面，要求建设单位按照市场价格对石材认价。建设单位根据样板间石材材料品质及风格考察市场，准备选用市场上优质的材料，谈定价格。施工单位在其他房间的装修中使用的材料则比市场上选定的材料低一个档次，部分电梯间石材出现裂纹明显。结算过程中，建设单位要求推翻石材认价，降低一个档次的价格进行结算，双方发生分歧。

（五）竣工结算阶段投资控制常见问题

竣工结算阶段是建设单位和施工单位都非常重视的环节，结算的成果直接反映出项目的投资效益和经济效益。施工单位在结算阶段高估冒算现象严重，建设单位投资控制工作困难非常大，项目实施阶段暴露的显性、隐性问题在此阶段集中出现。竣工结算高估冒算、相互扯皮现象严重具体表现为：高套取费标准，获取非法利润；主要针对单位造价高，计算复杂的项目虚报多计工程量；利用不规范的签证，多计工程量；巧立名目，高套定额；高报主材价格，影响结算申报水平，增加谈判难度。

案例 9：施工单位结算高估冒算

某项目安装工程投资概算 4500 万元，施工单位申报概算 8100 万元。建设单位初步审核 5300 万元，送交审计单位审核。存在如此大差距表现在以下几个方面：清单量计算不准确占比 25%；重复计取签证费用占比 10%；不申报未实施的签证占比 5%；高计费用占比 10%，主材、设备价格高、数量重复占比 35%；隐蔽工程高套用定额占比 10%，其他占比 5%。

案例 10：施工单位高套定额

某项目围墙工程为铁栏杆加砖混立柱形式，立柱及栏杆下砖混墙体做蘑菇石贴面。施工单位申报结算套用建筑外墙龙骨安装及石材挂贴定额，要求该部分人工按照装修人工计价，仅龙骨一项就申报 25 万元。结算时，建设单位提出龙骨项目不能套用建筑物外墙石材龙骨安装定额，经与监理预算人员、施工单位人员现场查看工程情况，发现施工单位在施工中根本没有使用龙骨进行安装，工程竣工仅两年就出现多处质量问题。因此建设单位果断拿掉该笔费用，避免了围墙工程造价严重超概算。

二、当前建设单位工程项目投资控制管理体制常见问题

资金拨付不到位，拖欠预付款、工程进度款常常会导致索赔事项，因此建设单位要充分考虑我国的投资控制管理体制制约和项目的实际情况，结合项目的资金支付、结算流程，在签订合同时合理规避可能发生的投资成本增加风险。

技术先进与经济合理，施工质量、进度与投资是对立统一的关系。盲目追求技术先进、赶工期而导致的投资失控是项目建设过程中经常发生的问题。投资控制的源头和主动权在建设单位，建设单位内部的管理体制不完善，技术与经济脱节常常导致责任不清，存在投资增加风险。因此针对建设项目建立一套专业性强、会管理的项目管理机构，建立技术经济的联动机制，从源头上做好投资控制管理工作是至关重要的。

（一）建设单位资金支付与结算控制常见问题

在我国，建设项目尤其是使用财政资金的建设项目大多采用集中支付制度，即政府有关

部门把资金直接拨付给承包商,不通过建设单位,可以避免资金流失或被建设单位挪用事件发生,保证政府投资项目资金全额、足额到位。采用集中支付制度,对政府投资项目建设过程中的支付与结算进行内部控制,有利于及时发现和处理项目建设过程中盲目扩大规模、增大投资的违法事件,真正起到控制投资的作用。但是,受合同进度款支付条款约束和支付审批程序的影响,资金拨付周期长,严重超概和超合同金额的项目不能及时拿到进度款,容易引起施工单位资金成本索赔,导致投资增加。

案例12:某项目装修改造工程

合同金额1500万元,实际施工中由于增加合同外项目和建设标准提高,经建设单位审核的进度款和结算金额已达到2100万元。但受财政支付审批和结算谈判时间长的影响,施工单位在工程竣工后由于结算谈判争议较大,很长时间不能拿到基本的工程进度款,进而向建设单位提出巨额资金成本索赔。

(二)建设单位项目管理机构制度对投资控制的影响

建设单位在项目立项后即应成立强有力的项目管理机构,该机构的一项主要制度建设是加强工程实施与投资控制联动机制,设立一套严密的工程变更、洽商、签证及费用审批流程,各部门在工程实施中加强沟通,明确责任。工程管理人员也要熟悉合同,造价合同人员懂技术,不利于建设单位的签证要及时经过审批再签字,施工技术变化导致的费用变化能准确及时估算出来,以避免后期结算过程中对签证内容及责任划分发出质疑,产生不必要的纠纷。

案例13:某项目未聘用专门的管理机构

在建设过程中,某项目建设单位未聘用专门的管理机构代建,而是从其他单位抽调专业人员临时组成工程指挥部,指挥部下设设计组、工程组、造价组。由于没有设立各部门的协调机制,常常出现设计组放任设计单位错误、工程组放任施工签证的事项,造价组在结算时发现结算文件中存在许多责任不清的变更及签证事项,因此产生纠纷很多,给投资控制管理工作带来很多困扰。⑤

《国际工程承包市场分析指南》

该书首先分析了国际工程市场的特征,介绍了便于获得且具有一定权威性的国际工程市场分析的数据及主要信息的来源。本书第二章详细说明了国际工程市场分析的框架与分析流程,给出了用于市场分析的指标体系和主要参数。第三章分析了国际工程市场的潜力,包括对全球工程市场按照不同区域与不同行业的分析及对相应国际工程市场前10强企业的分析。第四章分析了影响工程企业国际化与全球化的内部与外部因素以及近期全球工程市场面临的政治环境与经济环境。第五章详细介绍了全球工程市场的竞争状况,包括国际承包商225强的基本情况,以及10家主要竞争者的基本信息、中标情况、竞争优势等。之后分别从政治、法律、经济与社会四个方面给出了国际工程市场风险的一般分析方法。最后,一般性地分析了中国建筑企业的优势、劣势以及所处环境的特点,并采用该书介绍的方法与技术,给出了中东(海湾)地区炼化工程市场详细分析的案例。

甬江铁路斜拉桥索塔施工关键技术

金 武

（上海铁路局建设管理处，上海 200071）

1 工程概况

甬江左线特大桥是宁波铁路枢纽北环线规模最大的桥梁工程，于宁波绕城高速公路桥位上游64.8m处跨越甬江。大桥主桥设计桥型为钢箱混合梁斜拉桥，孔跨布置为（53+50+50+66+468+66+50+50+53）m，全长909.1m。大桥结构设计新颖，建设规模宏大。

甬江铁路斜拉桥共设两个索塔，南北方向布置，索塔设计形式为钻石型塔，全高177.91m，索塔端拉索锚固区采用内置式钢锚箱结构。全塔由上塔柱、中塔柱、下横梁、下塔柱组成。下塔柱为单箱单室结构，中塔柱两肢为单箱单室结构，上塔柱斜拉索锚固区设计为单箱双室钢锚箱－混凝土组合结构，节段钢锚箱最大净重量约25.2t。索塔立面和侧面图见图1。

索塔塔柱包括上塔柱（包含上、中塔柱连接段）、中塔柱（包含中、下塔柱连接段）、下塔柱和下横梁，采用C50号混凝土。塔柱底面高程为4.5m，塔顶高程为182.41m，索塔总高度为177.91m；其中塔顶装饰段1.50m，上塔柱64.41m，中塔柱86.09m，下塔柱27.41m。

钢锚箱设置在上塔柱中，第2~25号斜拉索锚固在钢锚箱上，1号斜拉索直接锚固在混凝土底座上。2~25号索对应的钢锚箱长6.2~7.2m，宽1.9m，高1.85~5.66m，其中钢锚箱底座高5.66m，钢锚箱节段之间采用高强螺栓连接；钢锚箱最下端支撑锚固在混凝土底座上，底面标高123.50m，顶面标高177.61m，钢锚箱总高度54.11m。

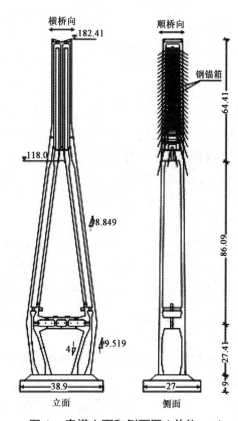

图1 索塔立面和侧面图（单位：m）

索塔横梁设在主梁下方，顶部标高35.595m；横梁采用箱形断面，为预应力混凝土结构，高6m，顶宽10m，腹部壁厚1.5m，顶底板壁厚1.2m，设2道壁厚1.0m的竖向隔板。

结合索塔的结构特点及周围环境影响，塔柱采用液压爬模施工方式，下横梁采用钢管支架现浇的施工方式[1-2]。

2 施工技术难点

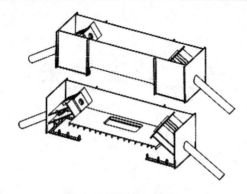

图2 钢锚箱三维图

高塔施工设备选型、钢锚箱施工以及下横梁施工等是索塔施工的难点[3]。

2.1 施工设备选型

塔柱最大高度为177.91m，钻石形索塔塔柱施工和上塔柱钢锚箱安装，需要克服高空作业、大风等不利因素影响，克服超高程混凝土输送和钢筋吊装可能出现的各种问题。因此，索塔施工时大型起重设备、塔柱施工设备及混凝土泵送设备的选型尤为关键[4]。

2.2 下横梁施工

下横梁采用落地式钢管支架法分层施工，支架安装高度高，承重大，要求施工质量高，支架的承载能力及稳定性是整个横梁施工的关键[5]。

2.3 钢锚箱施工

钢锚箱的加工精度、安装精度要求高，特别是首节钢锚箱结构重约25.2t，尺寸庞大，吊装定位特别困难。现场焊接成整体，焊接工艺要求非常高。剪切连接件是混凝土与钢锚箱共同受力的关键构件。剪力钉与钢板的焊接质量是本段控制的重点之一。斜拉索索力大，锚固点集中，从而使塔柱的索、梁锚固区应力集中，锚固区域环向预应力的施工质量关系到锚固区域是否具有足够水平向承载能力和抗裂安全度，是塔身施工质量的关键[6-7]。

3 关键技术

3.1 关键施工设备选型

（1）塔吊选型

在下、中塔柱施工阶段，主要吊运钢筋、模板、劲性骨架等小型构件，考虑最大吊重为爬模骨架，选择28m幅度处吊重5t即可满足，经调查研究，选用一台广西建机的TCT6016型塔吊与一台ST5013型塔吊作为塔柱施工的主要起重设备。

进入上塔柱施工阶段，C类钢锚箱分解吊装，考虑钢锚箱的吊重要求，最大吊重为B类钢锚箱，按15.1t考虑，吊装吊具按3t考虑，经过对国内外施工塔吊的调研，选取STT553-24t型塔吊。

（2）施工电梯选型

电梯是索塔施工人员上下的主要交通工具，根据索塔施工不同阶段，进行电梯的布置。为保证索塔施工人员顺利上下，采用在塔身两侧各布置一台SCQ200型电梯进行配合塔柱施工。

（3）混凝土输送泵选型

索塔混凝土的浇筑质量直接影响塔柱混凝土的施工质量，根据索塔的结构布置形式及塔柱混凝土泵送高度的要求，混凝土泵送设备选择两台HBT80C型高压混凝土泵。

混凝土泵管的布置形式应满足塔柱混凝土的浇筑要求。在中塔柱、下塔柱、下横梁部分施工时，为保证两塔肢平行作业互不干扰，沿两塔肢各布置一套混凝土泵管进行塔柱混凝土施工；在上塔柱施工时，沿上塔柱布置一套混凝土泵管进行塔柱混凝土的施工。

混凝土泵管选用高压泵管，泵管直径为125mm，单根长度为3.0m，壁厚为8mm。泵管从高压托泵处接出，经过水平管路到达两塔肢处，然后泵管分别沿两塔肢上升到塔柱混凝土施工处。为方便混凝土泵管的安装、拆卸及修理，采用泵管布置在塔柱外侧的方案，且布置在靠近电梯附墙的位置，并沿塔柱方向每升高6m设置一道附墙，保证泵管固定牢固。

（4）液压爬模系统选型

选用北京卓良 ZPM-100 型液压爬模系统。该爬模体系具有模板、架子合为一体，实现与导轨相互爬升的特点，操作简单、便于支拆，可提高工作效率。

液压自爬模的动力来源是本身自带的液压顶升系统，液压顶升系统包括液压油缸和上、下换向盒，换向盒可控制提升导轨或提升架体，通过液压系统可使模板架体与导轨间形成互爬，从而使液压自爬模稳步向上爬升。

液压自爬模体系主要包括：埋件系统、导轨、液压系统、模板和架体，见图3。

3.2 液压爬模施工塔柱

整个索塔共划分为32个节段。下塔柱为对称的单箱单室断面，由于塔柱受力较为复杂，塔柱在横梁处、人洞及塔柱交汇段等处受力较大的区段设置加厚段。下塔柱起始段6m利用液压自爬升模系统的模板进行翻模法施工，其余节段均采用液压自爬升模板系统施工。液压爬模施工见图4。

为保证塔柱在每一阶段截面应力处于规定的范围内，需在下塔柱内设置拉杆，由于下塔柱根部混凝土截面应力控制是整个下塔柱施工方案设计中的关键控制因素。确定拉杆位置是根据下塔挂根部在悬臂浇筑过程中自重及施工荷载作用下不产生裂缝的最大悬臂高度。

下塔柱共设置一道拉杆，标高为21.0m。拉杆采用12Φ15.24钢绞线，分3组孔道，钢绞线两端锚固后施加预应力，保证施工中向外扩展的塔柱受力平衡。

中塔柱共设置六道主动横撑，见图5。在索塔塔柱施工至主动横撑以上适当位置后，安装主动横撑钢管立柱和平联，采用塔吊整节吊装第一道主动横撑。吊装完成后在横撑一端设置千斤顶施力系统，施力完成后，将此端与塔柱预埋件焊接成整体，拆除千斤顶。在斜拉索施工完成后，进行主动横撑拆除，水平横撑拆除采用塔吊配以卷扬机拆除作业的方案。主动

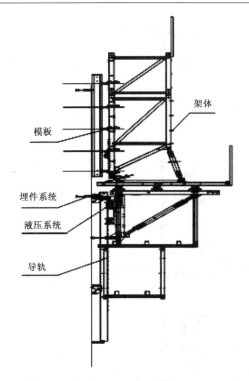

图3 液压爬模系统

横撑按照与安装相反的施工顺序进行拆除，即先拆水平平联、栏杆，后拆水平钢管，再拆除立柱支撑。

3.3 下横梁施工

索塔横梁设在主梁下方，顶部标高35.595m；横梁采用箱形断面，为预应力混凝土结构，高6m，顶宽10m，腹部壁厚1.5m，顶底板壁厚1.2m，设2道壁厚1.0m的竖向隔板；横梁内布置76束19Φ15.24钢绞线，所有预应力锚固点均设在塔柱外侧，采用深埋孔工艺，预

图4 液压爬模施工

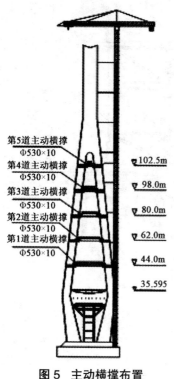

图 5 主动横撑布置

第5道主动横撑 Φ530×10
第4道主动横撑 Φ530×10
第3道主动横撑 Φ530×10
第2道主动横撑 Φ530×10
第1道主动横撑 Φ530×10

102.5m
98.0m
80.0m
62.0m
44.0m
35.595

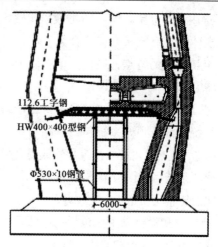

图 6 下横梁支架布置

112.6工字钢
HW400×400型钢
Φ530×10钢管
6000

应力管道采用塑料波纹管、真空压浆工艺。下横梁采用钢管支架系统现浇施工，分两次进行浇筑，第一次浇筑到标高31.91m处，第二次浇筑剩余方量混凝土。

下横梁支架采用落地式钢管支架，钢管立柱采用直径530mm、壁厚10mm钢管；钢管支架设4层平联，连接钢管采用直径350mm、壁厚8mm钢管；平联与钢管立柱进行现场焊接。横桥向布置2排钢管立柱，间距为6m；纵桥向布置6排钢管立柱，下横梁支架共12根钢管桩。主梁上方布置贝雷梁，共设置19片贝雷片；贝雷梁上方布置I12.6a型钢分配梁，落架采用卸荷砂筒。下横梁支架总体结构布置见图6。

3.4 钢锚箱施工

钢锚箱的安装精度及其几何线型将是保证塔柱混凝土与钢锚箱共同施力、防止混凝土出现裂缝的重要条件。

首节钢锚箱底座的安装采用在底座底板下预留40~50mm厚混凝土不浇筑，待钢锚箱底座精确定位后，在空隙中注入C50的无收缩水泥砂浆。使钢锚箱底座底板与混凝土底座混凝土密实并与底座底板密贴。

其他节段钢锚箱吊装到位后，采用定位冲钉定位，然后进行高强螺栓连接施工、索管接长及外围混凝土分节段浇筑，进入上塔柱混凝土与钢锚箱循环施工。在其安装过程中要求钢锚箱竖向自由长度不大于12m。

4 结语

针对甬江铁路斜拉桥索塔的结构特点和周边环境因素，从索塔施工设备选型、液压爬模施工塔柱、下横梁支架施工、钢锚箱吊装定位等方面研究该桥索塔施工的关键技术，解决了铁路斜拉桥超高索塔的施工难题，为类似桥塔施工提供了参考。

参考文献

[1] 陈明宪. 斜拉桥建造技术 [M]. 北京：人民交通出版社，2003.

[2] 徐伟. 桥梁施工 [M]. 北京：人民交通出版社，2008.

[3] 齐文忠，张利. 甬江大桥斜拉桥索塔施工技术 [J]. 公路，2010，10：47-50.

[4] 陈开桥，毛伟琦，王吉连. 武汉大道金桥桥塔施工关键技术 [J]. 世界桥梁，2012，40(1)：19-23.

[5] 蒋本俊. 武汉天兴洲公铁两用长江大桥斜拉桥主塔施工技术 [J]. 桥梁建设，2008，4：10-14.

[6] 何雨微，陈光新. 荆州长江公路大桥31号索塔施工技术 [J]. 中南公路工程，2002，(2)：53-55.

[7] 孙立功，杨蕾，张碧. 苏通大桥主5号墩超高索塔施工测量控制技术 [J]. 铁道标准设计，2008(8)：72-74.

构成房地产市场极端状态的基本指标分析

傅妍珂

（对外经济贸易大学保险学院，北京 100029）

1998 年我国住房制度改革全面拉开帷幕，中国百姓开始进入一个全新的市场——房地产市场。十几年来，我国的住房制度改革仿佛是一个潘多拉魔盒，既带来了楼市的繁荣、百姓居住条件的改善，也带来了房价的扶摇直上。21 世纪的头三年，全国房价的年均涨幅还在百分之三左右，但到了 2004 年，直线拉升到 15%。从 2006 年开始，北京、广州、深圳等地房价一飞冲天；到 2007 年，同比月涨幅在 10% 以上的城市比比皆是。中国楼市的火爆令世界瞩目，中国的楼价更令普通百姓望楼兴叹。中

国楼市似乎在孕育着一个巨大的泡沫。由此，"中国房市崩盘论"悄然传播。2008 年，中国股市重创，越来越多的人似乎开始相信中国房市崩盘的预言。但是 5 年过去了，中国楼市虽有震荡调整，但一线城市始终位居高位，三四线城市却出现了大量空置楼盘。这不得不引发人们对于中国房地产市场乃至中国经济未来的思考。

一、构成国际楼市极端状态的原因比较

构成国际楼市极端状态的原因比较见表1。

构成国际楼市极端状态的原因比较 表1

国家/地区	楼市达到极端状态的时间	楼市达到极端状态的原因
日本	20 世纪 90 年代初	（1）利率过低，资金泛滥； （2）盲目扩大信贷，滥用杠杆作用； （3）投资投机成风，股市楼市连动，管理监督形同虚设
香港	1997 年	（1）人口急剧增长所产生巨大住房需求； （2）房地产领域明显的垄断色彩； （3）国际游资疯狂炒作
越南	2008 年	（1）前 10 年经济过热，出现严重通货膨胀，楼市投机严重； （2）巨额贸易逆差，外汇储备较少； （3）国际热钱集体撤离导致楼市崩盘
美国	2008 年	（1）税收制度鼓励买房； （2）鼓励金融创新，鼓励将次级贷款证券化，加大房地产业信贷风险； （3）金融监管形同虚设

二、构成我国楼市极端状态的基本指标研究

根据对国际上楼市崩盘的原因进行分析可以看出，构成楼市极端状态的指标主要包括：房价收入比、贷款利率与房价上涨速度、不良贷款率、通货膨胀率和信贷资金运用增速以及外资占房地产投资资金的比重。本文将通过这几个基本指标分析中国房地产市场的基本情况。

（一）房价收入比

中国房价收入比如图1所示。

由图1可以发现，从1998年到2011年，中国的房价收入比[①]呈现一个总体下降的趋势，这似乎与现实中房价连年攀高的情况不很相符。仔细研究笔者发现，这与中国地区发展不均衡

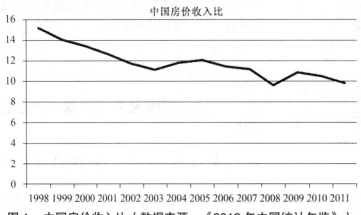

图1　中国房价收入比（数据来源：《2012年中国统计年鉴》）

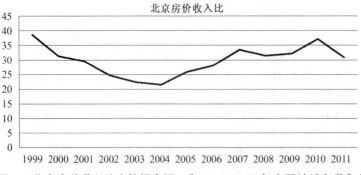

图2　北京房价收入比（数据来源：《2000-2012年中国统计年鉴》）

有关。中国房价的飞速上涨在一线大城市比较明显，但如果受到中西部不太发达的地区的制约，整体房价飞速上涨的情况并不显著，没有出现收入增长效应。

因此，为了更加准确地分析中国房价收入比的走势情况，特选取北京作为大城市的代表进行分析。结果如图2所示。

通过北京房价收入比的走势图可以看出，从1999年至2011年，北京房价收入比呈现出先降后升的态势。从2004年到2007年，北京房价收入比迅速攀升，在2007年达到一个峰值，而后2007到2009年，受金融危机的影响，房价收入比出现小幅回落，2010年后继续上升，2011年小幅回落。2010年北京的房价收入比将近40。

再来看一下如图3所示的1975年至2005年美国房价收入比。

从图3可以发现，从2001年开始，美国房价收入比急剧上升，2005年左右达到4.5左右，远低于中国的10，更低于北京的40。但是，美国人购买的是完全产权的房子，而中国购房者只能购买拥有70年使用权的房屋，而且土地租金一次性交清。从房价结构上来看，美国的建房土地成本较低，只占20%~30%，建造成本则占到50%~70%，10%~20%是企业利润及税费等；中国百姓住房的土地成本较高，几乎占到50%，建造成本则为10%~20%，30%以上的是企业利润及税费等。所以依据房价收入比这个指标，很难从美国房价达到极端状态的信息中寻找出中国房价的最

---

① 房价收入比 = 每户住房总价 ÷ 每户家庭年总收入，每户住房总价 = 商品房平均销售价格 ×80（每户住房面积按80平方米来计算），每户家庭年总收入 = 城镇居民人均收入 ×2（按每户家庭夫妇两人均有收入来算）

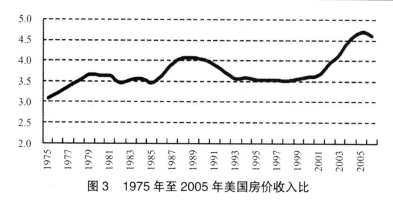

图3　1975年至2005年美国房价收入比

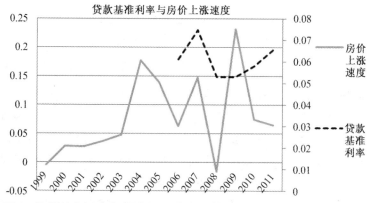

图4　贷款利率与房价上涨速度(数据来源:《2012年中国统计年鉴》)

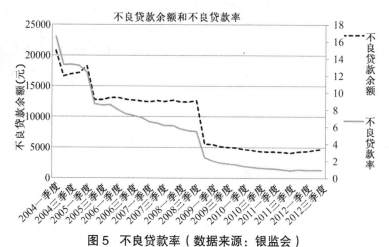

图5　不良贷款率（数据来源：银监会）

高点，并以此来分析中国楼市是否会达到极端状态。但是，一个不争的事实是中国房价收入比远高于美国。

（二）贷款利率与房价上涨速度

从图4可以看出，我国2007年贷款基准利率和房价上涨速度均达到一个峰值，但2008年两者又同步急剧下降，房价增长率甚至出现负值。作为应对金融危机的刺激政策的一部分，为了促进房价回暖，政府出台了刺激楼市的鼓励政策，2009年中国央行维持了一个较为稳定的基准利率水平，因此房价上涨速度较2008年有了迅速回升。2010年，我国贷款利率有抬头趋势，房价上涨速度出现下降。这一事实说明贷款基准利率对于房价上涨速度具有一定影响，它在某种程度上可以作为控制房价增速的手段之一。但是由于我国的贷款利率受到政府的控制，未实现利率市场化，因此，在中国楼市达到极端状态前，它只会成为一个调控指标，而非极端状态的暗示。

（三）不良贷款率

从图5可以看到，从2004年第一季度开始，一直到2012年的第四季度，我国不良贷款余额和不良贷款率一直在减少。不良贷款率从2004年第一季度的16.6%下降到2012年第四季度的0.95%，特别是2005年第一季度到2005年第二季度以及2008第三季度到2008第四季度分别又一次急剧下降，这可能与2008第四季度后连续几次降息有关。2012年不良贷款率出现小幅回升，主要原因是有部分行业经营状况发生变化，但是2012年第四季度的不良贷款率为0.95%，远远低于全球1000家大银行的平均不良贷款比例水平。如果中国的不良贷款率能继续保持这样的低水平，楼市达到极端状态似乎是一件遥不可及的事情。

但是，相关资料表明，中国银行业现阶段公布的不良贷款率不能很好地反映中国真实的不良贷款率，因为地方融资平台贷款在还款问题上面临很大的压力。根据国家审计局的报告，2011年底我国地方政府贷款到期规模达到两万多亿元。温家宝总理在2013两会期间透露，地方政府去年偿还了2万多亿银行贷款，但又新增了2万多亿贷款，数量大致平衡。

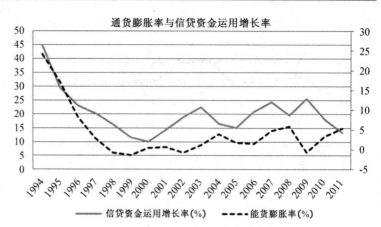

图6 通货膨胀率与信贷资金运用增长率
（数据来源：《1995–2012年统计年鉴》）

很明显，这是典型的借新还旧。如此看来，2013到期的2万多亿元贷款，地方政府很可能会以同样方式来处理。并且，这种靠借新还旧来支持的贷款，绝不止于地方政府融资平台贷款。实际上，2011年至今，光伏、风电、钢铁、有色、水泥、航运和造船等产业的经营也十分困难，但这些行业的不良贷款却没有上升。这是一个几乎无法解释的怪象。一个可能的解释是银行在现行激励机制下，不愿看到不良贷款率的上升，因此只要企业还能够继续还息，暂时对其能否偿还本金往往网开一面。所以，从不良贷款率来看，中国的楼市存在到达极端状态的可能性，特别是当房产抵押贷款的违约率上升时，很有可能出现房价大跳水。

（四）通货膨胀率和信贷资金运用增长率

从图6中可以发现，通货膨胀率与信贷资金运用增长率的基本走势是一致的，但是通货膨胀率明显比信贷资金运用增长率滞后一个时期变动，信贷资金运用增长率增长后，通货膨胀率再增长，信贷资金运用增长率下降后，通货膨胀率再下降。从2000年开始，通货膨胀率和信贷资金运用增长率均在波动中基本保持一个缓慢上扬的水平，没有出现激增和激降。因两者走势基本一致，所以接下来挑选通货膨胀率与中国商品房价格增速做一个对比，看看二者之间的影响和关系，进而分析楼市到达极端状态的可能性。

由图7可知，在2007年前，商品房价格增速基本与通货膨胀率同步变化，但是从2008年开始，二者几乎出现一个反向变动，商品房价格增速快的地方，通货膨胀率低，商品房价格增速慢的地方，通货膨胀率高。这可能与国家调控有关，因为政府试图通过控制通货膨胀率来控制房价水平。

对比图8所示的1997年至2007年间中美

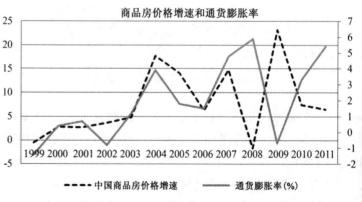

图7 商品房价格增速基本与通货膨胀率同步变化
（数据来源：《2000–2012年中国统计年鉴》）

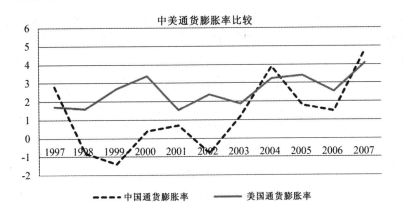

图8 中美通货膨胀率比较

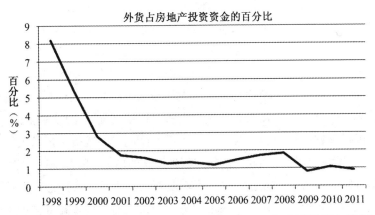

图9 外资投资房地产情况分析（数据来源:《2012年中国统计年鉴》）

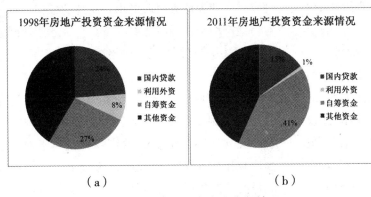

（a） （b）

图10 房地产投资资金来源情况

（数据来源：《2012年中国统计年鉴》）

（a)1998年；(b)2011年

的通货膨胀率可以看到，这10年间，中国的通货膨胀率大部分年份都在美国的通货膨胀率之下，然而波动幅度较美国剧烈，2007年通货膨胀率超过美国。众所周知，2007年美国开始爆

发的金融危机就是从房地产领域开始的，而美国当时就是在这样一个通货膨胀率水平下。当然，中国的国情和美国有很大差异，我们不能简单地从这样一个指标就得出中国楼市达到或者已经接近极端状态的可能性。不过，高通货膨胀率会进一步抬升房价水平却是一个不争的事实。而从以上分析也可以看出，信贷资金运用增长率影响通货膨胀率，所以政府应该适当调节信贷资金运用水平，控制通货膨胀率维持在一个合理的区间，从而使得房价能够实现"软着陆"。

（五）外资投资房地产情况分析

由图9可以看出，从1998年开始，外资占房地产投资资金的比重出现下降的态势。从最初的8个百分点降到2011年的1个百分点左右。2011年外资所占比例只有1%，相比较国内贷款、自筹资金和其他资金，所占比例微乎其微（图10）。

三、中国房地产前景分析

不难发现，与国际上其他经济体的房地产市场相比，我国的房地产市场特点鲜明。几年前当中国股市从6000多点的牛市一泻而下的时候，许多人预测中国房市崩盘在即，甚至有人把日本1985～1991年房地产市场走势，与中国2005～2008年房地产市场走势做了一个对比，提出了一份"房地产崩盘时间表"。但是，基于之前对中国近几年房地产市场的指标分析，再比较日本在 20 世纪 90 年代初房价到达极端状态的原因可以发现：第一，中国的贷款基准利率一直维持在一个相对比较平稳的水平，近几年一直在 3%~3.5% 之间，没有出现日本当时利率太低的状况；第二，在中国，外资所占地产投资资金的比例很小，与越南外资大量投资房地产的情况有所不同，中国房地产抵御国际经济环境变动的能力显然要比越南强；第三，中国内地金融体系与美国、日本甚至中国香港地区都不一样，央行对房地产信贷的控制力更强，中国政府在一定程度上可以引导资金流向，甚至用行政的手段打压房地产泡沫。

然而，我国 2009 年 10 月 1 日正式开始实施的新保险法第一百零六条规定："保险公司的资金运用必须稳健，遵循安全性原则。保险公司的资金运用限于下列形式：（1）银行存款；（2）买卖债券、股票、证券投资基金份额等有价证券；（3）投资不动产；（4）国务院规定的其他资金运用形式。保险公司资金运用的具体管理办法，由国务院保险监督管理机构依照前两款的规定制定。"其中，明确提出了保险公司可以投资不动产，包括房地产。笔者认为，这个投资形式的提出是值得商榷的。一方面，导致日本 20 世纪 90 年代房市崩盘的原因之一就是大量的财务公司、投资公司投资于房地产，造成严重的信贷泛滥，保险法开放保险公司对于不动产的投资，是不是会导致中国房地产的信贷问题存在很大的变数；另一方面，对于保险公司本身，投资房地产也不见得是一个明智的选择，因为众所周知，正是美国的房地产危机引爆了此次全球金融危机，但是同时我们也能看到，这次金融危机对于美国的保险行业却没有造成太大影响，其中主要原因就是美国对于保险公司投资形式的严格规定，使其很少能介入房地产投资。

2013 年 2 月 20 日，国务院出台了楼市调控的"国五条"。但是从国务院的房地产调控工作内容看，所谓的"新国五条"新政，无实际"杀伤力"，并且缺乏具体的新政策规定，基本是老话重提。一则房产税扩容的不确定，无时间安排表。二则重启地方政府价格控制目标与一房一价，其实前年开始就存在，已经名存实亡。三则限购城市小范围扩大看地方政府，房价上涨过快标准难确定，具体情况不一样。四则稳定房价的问责制，或者是约谈制，根本不是调控政策，是行政措施，但是很难起到效果。五则所谓的按照保持房价基本稳定的原则，如同空话，没有实际约束力。六则限购不放松，但是没有提到扩大城市范围，显然作用不大。七则保障房的对房价实际影响力，可以忽略。

2013 年中国房价稳中有升，中央提出的城镇化将带来巨大的新增人口与人口红利，市场需求力旺盛。当前土地制度导致土地供应逐年负增长，加之货币不断超发，投资渠道缺乏。而收入翻倍与基础设施的增加，譬如 25 个城市新报地铁，必然支撑房价上涨。中国经济快速发展，城市化进程加快，但人口多和可耕地少是土地价格上升的根本原因。改革土地收入管理模式，减少地方财政对出售土地的依赖，把对房地产增量征税改为对存量征税，才能抑制投资性购房，遏制房地产价格快速上涨。

所以，为了促使我国房地产市场的健康发展，政府应该要转变调控的思维方式，进行制度性根本改革，尽最大努力减少行政干预，让属于市场的交还给市场，让属于地方政府权限的事宜就放权给地方政府，中央政府只要管好货币的源头就足够了。只有这样，中国房地产市场才能朝着一个良性可持续的方向发展并壮大。⑤

参考文献

[1] 金岩石. 从日本楼市崩盘中找到化险为夷之路. 大众理财, 2010(05).

（下转第 116 页）

美国房地产业发展现状分析

李捷嵩

(对外经济贸易大学国际经贸学院，北京　100029)

一、美国房地产行业现状

从 2012 年下半年开始，美国楼市持续回暖，正成为美国经济持续增长的重要支撑力。美国商务部 (Department of Commerce) 公布的数据显示，2012 年美国新房实际销量约为 36.7 万套，比 2011 年的新房销售上涨 19.9%，旧房实际销售约为 465 万套，比 2011 年增长 9.2%，显示出美国房地产市场的复苏势头。美国商务部公布的数据显示，美国 3 月新屋销售量较上月环比上升 1.5%，住房建筑商为满足市场需求增加了库存，说明强劲的需求正在推动住房建设活动。数据显示，美国 3 月新屋销售总数年化 41.70 万户，预期为 42.0 万户，比 2 月份修正后的 41.1 万套上涨 1.5%，比 2012 年同期高出 18.5%。据美国房地产公司 Zillow 的报告，美国住房价值同比上涨 5.1%。联邦住房金融局公布的房屋价格指数变化如图 1 所示，由图可见近期上涨趋势。

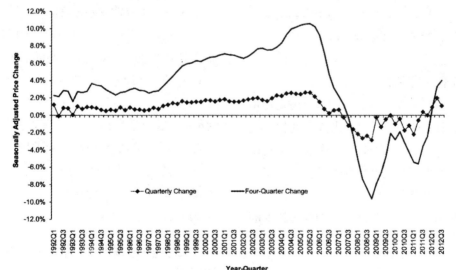

图 1　房屋价格指数[①]

① 来源：联邦住房金融局 2012 年 11 月 17 日发布的《美国价格指数报告》

二、美国房地产行业复苏原因

（一）需求强劲

笔者认为，这次复苏的主要原因在于需求强劲而库存有限，供应量不断减少。据房利美去年12月份调查报告显示，人们普遍预期今年房价将持续上升，同时随着美国家庭负债的减少、储蓄的增多和企业支出的增加，购房需求将不断上涨。目前美国住房拥有率已经降至1998年的水平，潜在购买力强劲。但不同于过往楼市复苏，此次复苏主要因为投资商对不良房产的炒卖，尤其是银行拍卖的止赎房屋。据美国全国房地产代理商协会的数据显示，投资客的交易占到销售总数的32%。由于次贷危机的影响，居民难以获得抵押贷款，这为投资客吸收房产库存救市营造了有利环境。由投资商带动房产市场的活跃，进而促进经济发展，降低失业率，个体居民就有能力重新购房。在房市基本面利好的推动下，诸多对冲基金和私募基金投资公司大幅增持与房地产市场有关的各类公司和资产以抬高房价，受其影响，美国公开交易房屋建筑商的股票已大幅上涨。以美国最大住宅建筑商之一的普尔特集团(PHM)为例，该股票股价在2012年几乎翻了两倍，涨幅达到182%，股价涨至17.61美元。

（二）低房贷利率

同时，房贷利率屡创历史新低，民众购房成本相对低廉，这也是导致需求强劲的原因之一。2012年全年，30年期房贷平均固定利率为3.66%，为65年来最低年度平均房贷利率。2013年第一季度更创新低，3月份30年期房贷平均固定利率基本保持稳定在3.31%。利率的下降会降低投资者对房地产投资的收益要求，房地产投资的当前收益会提升，资金流入房地产行业，投资需求的上涨使房地产价格上升。同时较低的利率还促使民众能够将本用于购房的资金用于其他消费，推动经济进一步发展。

（三）货币供应量

货币供应量的变化会影响到房地产行业的周期变动，货币供应量飞速增长，2012年初M2值为9696.9，年末达到10476.0，增长了约8.03%，公众出于对货币贬值的恐慌转向房地产市场，此时，房地产作为保值商品需求上涨，同时货币供应量的增加会对民众产生货币幻觉，人们认为自己钱多了，于是购房需求上涨，促进房地产价格上涨。

（四）抵押贷款相关法律纠纷和解

2013年1月份美国银行就抵押贷款相关法律纠纷达成和解，这从总体上对公司评级和公众信心产生积极影响，在一定程度上提高民众信心，促进购房和住房投资。1月7日，美国银行宣布向房利美支付35.5亿美元抵押贷款担保索赔金，另外再支付67.5亿美元回购出售给房利美的住宅抵押贷款。美联储宣布，美国银行、富国银行、摩根大通、花旗银行等10家金融机构由于在发放住房抵押贷款和办理房屋止赎手续过程中的违规行为，将按规定向房屋贷款者赔偿共计85亿美元。与此同时，美国各大型银行表示同意支付200多亿美元。

（五）主权财富基金投资

主权财富基金正不断渗入美国房地产行业。据伦敦Preqin研究公司的数据显示，全球有60%的主权财富基金都在直接或间接投资房地产市场。全球新移民购买力对美国房市的推动不容小视，尤其是中国。中国正引来一场"美国购房热"，据统计，2012年美国来自中国大陆的购房资金高达90亿美金，仅低于近邻加拿大名列第二。资金流向房地产行业扩大投资需求抬高房价。

三、美国房地产行业未来发展潜在的问题

种种迹象表明，经过前一轮"次贷危机"的美国楼市处于逐步攀升阶段。但未来经济走

向并不如房地产行业表象如此乐观。近期，美国楼市房价不会出现大幅上涨。

（一）高水平失业率

就业增长缓慢与个人收入停滞不前正阻碍着美国房地产行业更为强劲的复苏。失业率虽有所下降，但仍与政策目标有较大距离。2012年底，美国失业率仍高达 7.7%，笔者预计至2013年底失业率也仅能下降约 0.2 个百分点。较高的失业率阻碍着购房需求的增长。目前房地产对整体经济的影响要小于经济对房地产的影响，失业率并未受房地产回温的影响而出现好转，3 月份就业市场表现并不良好，新增就业职位未达到预期水平，一定程度上体现经济复苏的虚弱。

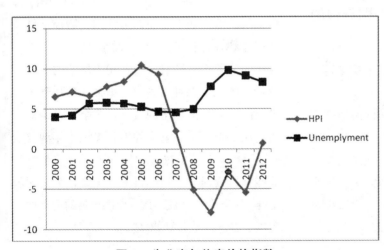

图2　失业率与住房价格指数

图 2 根据劳工部公布历年失业率与联邦住房金融局公布的 HPI（住房价格指数）制成。如图 2 所示，失业率与住房价格指数呈负相关关系（相关系数 −2.117），因此有效降低失业率、解决就业问题有助于房地产行业实现进一步复苏。

（二）对房贷利率回升的担忧

笔者预期，美国联邦储备委员会将于今年年底前取消对房贷市场的支持从而导致房贷利率的回升。虽在 2013 年第一季度房贷平均固定利率处于下降趋势，但其中季节性因素起主要作用。现在美国拆借利率处于低位，但不可能长期处于低位，如果房贷利率上升那么人们买房负担加重，将削弱住房购买和投资的积极性，限制房价的上涨。

（三）对财政悬崖的担忧

美国政府债务已触及 16.4 万亿美元的上限，如果没有得到妥善解决，美国将面临违约风险。美国"自动全面减赤计划"的启动，以及对相关减税政策的撤销，可能会使房地产复苏遭受新的波折。财政削减将以乘数形式对 GDP 产生不良影响。3 月 1 日起削减今年政府支出 850 亿美元，其中国防、教育、医疗以及其他公共服务开支都将被大幅削减。这很可能将出现扩张迹象的制造业等行业的复苏造成不良后果。同时，失业率也存在重返 8% 的可能。据美国全国住宅建筑商协会发布的数据，今年 4 月份美国住宅建筑商信心指数连续第三个月环比下滑。今年 4 月份美国住宅建筑商信心指数环比下滑 2 点至 42 点，低于此前经济学家平均预期的 45 点，降至去年 10 月以来的最低水平，这表明多数建筑商并不看好房市未来走势，房地产行业进一步复苏仍阻力重重。

（四）建筑材料成本的上涨

根据美国劳工部公布生产者价格指数数据显示，建筑原料价格一直处于上升阶段，3 月份同比上涨 2.6%。由于新房需求的扩大已经吸引了众多建筑商的进入，竞争压力使得建筑商不能将建筑成本的上涨完全转嫁给消费者，建筑材料成本的上涨意味着承建利润的减少和风险的加大，将减退承包商承建的积极性，这也是造成建筑商信心指数连续下滑的因素之一。

（五）住房抵押贷款放贷标准过于严格

最新通过的《巴塞尔协议Ⅲ》规定，截至2015年1月，全球各商业银行的一级资本充足率下限将从现行的4%上调至6%，由普通股构成的"核心"一级资本占银行风险资产的下限将从现行的2%提高至4.5%。这些无疑加重了美国银行的资金压力，迫使收紧住房抵押贷款放贷标准，那么获得个人大额抵押贷款可能很快就会变得更难，而且成本也会更高。美国消费者金融保护局于1月初便修改了贷款标准，规定在放贷方未审核借款人收入或资产的情况下将被禁止发放贷款，该项规定将于2014年开始执行。不能获得银行贷款会抑制购房和投机需求。

四、美国房地产行业对美国经济的影响

美国房地产市场复苏将会通过消费渠道、投资渠道以及银行业渠道支持实体经济。首先，由于住宅房屋是家庭财富的一部分，房地产行业复苏提高了家庭净财富，进而提高家庭消费支出能力，消费的增加又会以乘数形式促进美国经济整体发展。其次，对房地产需求的扩张意味着新建房屋需求的上涨，对新建房屋投资的增加会进而使建筑业相关就业市场实现好转，

整体经济复苏。最后，房地产行业回暖使得银行放贷违约和止赎率下降，银行资产负债表得以改善，从而扩大信贷扩张。

就目前数据而言，房地产行业的回暖带动了整体经济复苏。作为景气分析的首选指标，美国工业生产指数在2013年3月比上年同月增加3.50％。美国劳工部3月8日称，美国2月非农就业增加23.6万人，大幅高于预期的增加16.5万人。据和讯网公布的数据，制造业也处在恢复当中，2月份制造业指数实际值达到54.2，创下去年5月以来最高。GDP在2012年实现2.5%的增长。标普预测，美国GDP在2013年增速为2.2%，并降低了美国重陷衰退的可能性。对建筑业人员的需求将缓解失业率压力，3月失业率降至7.6%，创下2008年12月以来的新低。如果美联储持续当前购债计划，保持低利率有利于美国楼市的持续回温。美国楼市的复苏将带动对建筑业相关职业的需求，预计新增职位每月平均或可增加1.5万至2万份。由于对美国经济的看好，黄金价格走低，维持在1650美元/盎司左右，美国十年期国债收益率也攀升至2.3%以上。如果美国房地产行业能够持续回温，利率将不断走高，美元逐步走强，国际资本回流美国，提供充足的流动性，美国或将进入全面复苏。⑤

（上接第112页）

[2] 沈小栋.可怕的是楼市明年还不崩盘.检察风云，2010（08）.

[3] 朱孟楠，刘林，倪玉娟.人民币汇率与我国房地产价格.金融研究，2011(05).

[4] 况伟大.房地产投资、房地产信贷与中国经济增长.经济理论与经济管理,2011(01).

[5] 梁斌，李庆云.中国房地产价格波动与货币政策分析——基于贝叶斯估计的动态随机一般均衡模型.经济科学，2011(03).

[6] 张铁铸，周红.危机前后美国寿险公司不动产投资研究.保险研究，2011(01).

[7] Bajtelsmit V. L. and E. M. Worzala. 1995. "Real Estate Allocation in Pension Fund Portfolios" ［J］Journal of Real Estate Portfolio Management，(1)：25-38.

[8] Baker，Mae and Michael Collins. 2003."The asset portfolio composition of British life insurance firms，1900～1965"［J］.Financial History Review，(10)：137-164.

南京国民政府时期建造活动管理初窥（一）

卢有杰

（清华大学建设管理系，北京 100089）

1927 年国民政府定都南京，直到 1949 年迁至台北，其间 22 年而已。但是，这短短的 22 年开始之时，却是当时的各级政府为管理其统治区的建造活动而付出巨大努力，设机构、选人员、立法订制，并执行之的时期。若仅从 20 世纪 80 年代初算起，我国的建造活动及各级政府的管理已过去了三十几年，但效果如何，则是有目共睹。为了进一步改善我国目前建筑市场及其管理的状况，我们不但要吸取发达国家的可取之处，也要认真地考察上述 22 年期间的努力过程和成果。本文就是这样做的一点儿初步结果，愿奉予读者，以资参考，欢迎批评。

一、引言

1927 年北伐军进入南京后，国民政府发表宣言，宣告国民政府于是年 4 月 18 日开始在南京办公。并称，定都南京以后，"本政府所负领导国民革命与建设民国之责任愈益重大"。[1]

1928 年 12 月 29 日，张学良等人联名通电全国："已于即日起，宣布遵守三民主义，服从国民政府，改易旗帜"。[2] 至此，中国国内战事大减。

在这种形势下，国民党第三次全国代表大会于 1929 年 3 月 15-27 日在南京召开。[3] 大会重申孙中山的三民主义与军政、训政和宪政三大程序，宣布"北伐完成后……军政告终，训政伊始，建设问题不独限于军事整理一端，而国家制度，训政规模具为根本之筹谋，乃于去年八月（1928 年）召集中央全体会议，建立五院组织之国民政府。……凡此，皆本党力求依次遵照总理所制之革命程序与全国人民共谋和平建设之基本工作，……愿全国国民于此训政开始时期，依循总理所著建国大纲……举国一致，往勇直前……" [3]

1928 年发表的"国民政府宣言"宣称建设有政治、经济和教育建设三个方面，而政治建设居首。[4]

国民党第三次全国代表大会公布的"训政时期物质建设之实施程序及经费案"内容为：

一、依据建国方略实业计划所指示之方策、原则为确定物质建设实施程序之标准而以交通之开发为首要，建设事业之重要顺序如下：关于国家之物质建设者：铁道；国道；其他交通事业；煤铁及基本工业；治河、辟港、水利、灌溉、垦荒、移民等事业。关于地方之物质建设者：省道及地方交通事业；农林、畜牧、垦荒、水利等事业；都市改良及公用事业，以及卫生建设。

二、自民国十八年度起，每年关税之收入，其超过于十七年度关税收入全部之增加额应用之于国家之物质建设；每年关于土地之税收，其超过于十七年度关于土地之税收额之全部应用之于地方之物质建设。

三、前两条为建设程序及经费原则上之规定，其实施办法由国民政府斟酌国家地方之情况决定之。[5]

上述各项建设事业中管理机关与方式不同，应当分别介绍。本文仅介绍国民政府定都南京后实际管辖的地区，"九一八事变"、"卢沟桥事变"和上海"一二八事变"后落入日寇之手的沦陷区不讨论。时间上，以 1939 年以前为重点，抗战胜利后到 1949 年期间，或许因国共内战之故，作者获得的资料不多，亦未涉及。

二、建造活动概况

（一）概述

1939 年 2 月 17 日国民政府颁布的《管理营造业规则》[6] 将"经营建筑与土木工程之营造厂、建筑公司及其他同类厂商"称为"营造业"。

其实，建筑物、构筑物或其他设施的建造，不但有"营造厂、建筑公司及其他同类厂商"，还有民工、士兵和设计者。故在言及建造活动时，不应仅限于这些厂商。外商开设的营造厂因名称翻译上的原因多数称建筑公司。

1、营造厂

营造厂，当时各地的称呼不同，表 1 就是这些名称及其含义的比较。

1880 年，杨斯盛在上海开办的杨瑞泰营造厂是我国历史上第一家[11]。以后，我国其他地方出现的营造厂逐渐取代了前代流传下来的匠役和作坊。营造厂大多有账房、估价、看工等专职人员。到了 20 世纪 30 年代，这些营造厂已经成为建造建筑物和构筑物的主力。即使在外国势力最大的上海，情况亦然，"承造建筑物之营造厂，素为国人独占，因我国工人之工资低廉，非外人所能竞争，来亦闻有俄人经营者，颇可注意。"[12]

营造厂接受业主委托，包工不包料或二者兼包，一般只设管理人员，水木工匠和壮工临时招募。[13]

上海的中小营造厂一般有两种人员：第一是内场（管理层），由作头（营造厂厂主）、厂主合伙人、账房（会计）、开账（估算人员）组成；第二是外场（作业层），由看工（工地负责人）、看工助手、工地账房（较大工地设立）、材料员、木工档手、木工翻样，泥工档手、泥工关切、钢筋档手、钢筋翻样，以及其他配合工种的领班，如打桩、油漆、白铁等档手组成，再下便是各个工种的小包及其他工种的工人。

账房是厂主主要助手，看工是营造厂技术负责人，多由经验丰富并与厂主关系密切的人担任。在较大营造厂中，看工一般为固定职工，暂时没有工程也不解雇。20 世纪二三十年代上海建筑业较繁荣，故工人与小包之间，小包与档手之间，档手与看工之间一般都有稳定的联系，使得厂主接到工程时便能很快结集队伍，迅速进入工地。这种管理层与作业层既分离，又紧密联系，使营造厂机构伸缩自如，应变能力强。[13]

营造厂与雇主签订的合同，一般是整个工程，即总包合同。但是，随着营造业内部分工的发展，出现了越来越多的专业厂商，也就是《管理营造业规则》[6]"营造业"定义中的"其他同类厂商"，例如吊装、基础、打桩、石作、水电和卫生设备等。营造厂在登记时多数以厂主姓名为名，并附上英文商号，也有的沿用水木作名称。

1919 年，上海开设了 20 多家从事建筑设备安装的外国资本厂商。外商的一些中国雇员在积累了资金和技术后，纷纷自立门户。上海

"营造厂"各地名称及其含义的比较　　表 1

名称	定义
营造业[6]	经营建筑与土木工程之营造厂、建筑公司及其他同类厂商
营造厂[7]	承揽泥水木作为营业者
建筑店铺[8]	建筑公司、水木作、石作、泥水作、凿井作等
建筑商店[9]	承办各项土木工程工作，无论其所建为马路、住宅、桥梁及泥水、木作等等之商店
建筑工厂[10]	营造厂、建筑公司，及以水木作为营业者

当时将这些厂商称为"工程行"、"水电行"。1945年，经统计得知，上海的365家水电厂商，平均每户雇用管理人员3~4人，技工、学徒10人左右。

当时中国沿海和其他开放城市很多高大建筑物用石料装饰外墙，于是，石作单独成行。1915年出版的《上海华商中英文各业名录》就录有张隆兴、陈大兴、伍祥记、沈洪记、沈德泰等5家石料工程行。

专门承揽竹脚手、工地竹篱墙、竹料房的厂商，在上海称为竹篱工程行。竹篱行厂主一般是善于经营的搭脚手架高手。行内设记账、场地管理等，有七八个人。

以油漆作为业的油漆行多数依附于营造厂，与之长期合作。部分油漆行发展成装潢油漆公司、水木装潢公司。上海30年代最多时近600家，其中可雇用百人以上者近百家。[14]

对于这些厂商1947年的情况，费霍有生动的描写："一个经理，一个会计，一两个职员，再请一个主任技师。这位技师或则经理自兼，大半是挂名的多，真真的常驻负责的很少。……这已算组织比较健全，足以应付一切的了。于是找一处办公处，向当地主管当局登记。这种登记也很简便，因为有了主任技师，有了极少量的资本，要办个起码级的登记，实毫无问题。如（问）其以往有什么营造工程的证件，那就是办甲等登记也不困难。登记一到手，就可以承揽工程了。但是工程的能否包到，却是一大问题。在平时，就是有四件事要做：第一件，要多跑各机关办公室及建筑师打样间，听取消息，注意报纸的招标广告。第二件，要调查物价升降，工资调整。第三件，要与泥工木工等技术工人密切联络。第四件，要随时明了当地重要建筑材料存有现货的大概数量，以及采办重要建筑材料的来源。一有投标的机会，就按照工程图样、建筑说明，估计造价，加了理想的盈余，填标竞投。"该文作者在介绍了当时承揽工程的种种风险之后写到："营造厂确实不容易办。但是各都市登记的营造厂不知几多。

这是什么原因？原来他们办营造厂，经常开支尽力减少，有生意就做一次，没有生意就静等机会。因为他们的不能预料的损失太多，所以开账没有标准……，逢到第一次工程亏了本而无法完工时，他们就要竞争第二件工程，不惜真真的贬价，希望得到了工程可以领第一期款以便弥补第一次的工程亏损，所以各处工程开标的结果，他的高标与低标，有惊人的距离，一个是保守，一个是冒险。……这种低标……目的在补充以往的亏累……难免偷工减料，到山穷水尽，溜之大吉。……"[15]

1947年，是抗战胜利后不久，随即爆发的国共内战正酣之时，并非营造业兴盛时期。由此不难想象20世纪30年代的情况。

2、建筑师和工程师

鸦片战争以后，20世纪30年代以前，对外国人开放城市的较大建筑物，以及重要的桥桥梁、自来水、发电、港口等基础设施的规划和设计，绝大多数出自外国建筑师和工程师之手，很少有我国人参与其中。只有到了20世纪30年代，情况才有改观，例如在上海，"年来风气已渐改易。近一年来，上海各大建筑不少已出自中国建筑师之设计车擘划矣。"[12]

伍江在其著作中举出的1840年到1949年上海的124座代表性市政、商业、金融、教育、医疗、文化、旅馆、公寓、影剧院、游乐、体育、宗教、交通、邮电、工业、海关，以及使馆建筑中，20世纪30年代前后各占一半。之前者，除了1917年建成的上海大世界是我国最早的开业建筑师周惠南的打样间设计的以外，都是外国人在我国（主要是上海）开设的洋行设计的。进入20世纪30年代后的一半，有26座是我国建筑师设计的。[16]

其他城市与上海类似，具体情况可参见文献[17]、[18]和[19]。

表2是当时内政部1943年调查全国开业建筑师的部分结果。当时，东三省、台湾、热河、察哈尔、河北（包括北平和天津）、山东和江苏（包括南京）省，以及上海市全部为沦陷区；河南、

1943 年各省市开业建筑师

表2

省市	已登记人数	学历					经历				
		大学	专科	中学	其他	未详	政府或国营事业机关官吏	教职员	工程师	其他	未详
江西	3	–	1	–	1	1	–	–	–	1	2
湖北	1	–	–	1	–	–	–	–	1	–	–
湖南	7	4	–	1	–	2	–	–	–	2	5
陕西	62	13	5	3	3	38	16	1	9	28	8
福建	1	1	–	–	–	–	–	–	1	–	–
广西	65	48	10	4	2	1	7	–	1	6	51
云南	118	65	2	2	3	46	7	2	25	23	61
贵州	20	13	3	–	1	3	9	–	4	–	7
新疆	8	1	7	–	–	–	–	–	–	–	8
重庆	358	–	–	–	–	358	220	29	75	20	14
总数	643	145	28	12	9	449	259	32	116	80	156

注：1. 调查时，浙江省尚未向内政部上报数字；安徽、河南、青海、绥远四省尚无此项开业建筑师；广东省英德等三十四县据报无此项开业建筑师；其余各县市尚在查报中。

2. 广西省人数包括技副4人，暂时设计员2人；登记人数经注明有1人在渝，2人在滇同时登记开业。云南省人数内有1人在渝，1人在黔，2人在桂同时登记开业。重庆市人数包括已登记开业之技副，其中有1人自1943年3月8日起停业二年。[20]

山西、安徽、浙江、绥远、广东、湖北、广西、湖南、江西、福建、贵州和云南省为部分沦陷区，能够得到这样的结果，实属不易。从这个结果中，可以大致想象当时我国建筑设计能力。

以前仅少数大城市有以"建筑师"名义执业者，只有到1944年12月27日内政部公布《建筑师管理规则》[21]以后，才正式推广到其他地方。按照该规则的定义，建筑师受各公务机关或当事人委托办理建筑物的设计、检查、估算、鉴定和建造各项事务。[21]

3、民工和士兵

前述"训政时期物质建设之实施程序及经费"将"交通之开发"列为"物质建设实施程序"的首要。交通设施以及水利设施的建设，都需要大量的劳动力，主要在城市经营的营造厂是远远不够的。南京政府时期，如同我国历史上任何时期一样，都要动用民工和兵工。

在定都南京后，国民政府就大量裁撤原来各地军阀的军队，也就是前述的所谓"军事整理"。于是，许多人就提出利用这些军队的士兵参与交通、水利和其他一些设施的建设。例如，1928年6月20-30日在上海召开的"全国经济会议"，会议的"国用股"提出了几个有关兵工的提案，"建议裁兵安置办法案"建议将裁汰之兵用于水利、路政和屯垦；会议上提出的"实施兵工政策案"建议"工程队（即工兵）用以修省道及河流"，"整个之军队除筑路外并垦荒植林"。又如1932年11月2日在武汉召开的"七省公路会议"，路政组有人提出"利用兵士先筑省道案"。[22] 1928年以后，许多交通设施的修筑都用了兵工，修筑公路方面，可见人民交通出版社1990年出版的《中国公路史第一册》。[23]

使用民工有多种方式，如直接强征、以工代赈和（包工）雇用等。1935年4月蒋介石发起"国民经济建设运动"，[24][25]1936年元旦，他又在电台以"国民自救救国之要道"为题对全国讲话，他说："第四，提倡征工，征工就是实现国民劳动服务，以从事于国民经济建设一个最急要的办法，现在我们的国家贫穷，没有充足的财力，来完成各种建设事业，好在我们有很多同胞的劳力，就是国家最可宝贵的经济动力，亦即是一切事业的资本，……希望全国同胞，共体斯意，大家赞助政府，实行征工制度，踊跃参加义务劳动，至少说，要以当地同胞劳力，首先从事开发当地交通、修治水利、培植森林、开垦荒地……政府方面，更应同时实施兵工政策，……军队的劳力，辅助各地征工工务之不足，我相信各地一切建设实业，有军队的帮助，一定可以得到事半功倍之效。"[26]

例如，1934年10月1日在淮阴成立了直属江苏省政府的"导淮入海工程处"，[27]1934年11月1日导淮入海水道初步工程开工。这项工程从水道沿线的泗阳、淮阴、淮安、涟水、阜宁、盐城、宝应、高邮、兴化、东台、泰县和江都12个县共征用了16万工夫。[28]这些人大部分为农民，也有富人雇来顶替的无业游民。他们在两年的工期里住在沿黄河故道两岸临时搭建的茅草棚里，日常吃的是"黑糖糖、山芋干、粗面条、棒头糊子"，"每天所得的工资甚微，即连粗面条他们也不能够常吃"。[29]

（二）营造厂商竞争

20世纪20年代后期，我国大城市，特别是沿海地区的建筑市场竞争已很激烈，到了30年代更甚。

营造厂商想方设法赢得竞争。以广告宣传自己的实力和服务质量是其常用的合理，合法办法。例如，上海市很多较大的营造厂在上海建筑协会1932年11月创办的《建筑月刊》上刊登广告，介绍本厂已建和正建造的工程类别、规模及地点；总厂和分厂所在地、电话和电报号码等。馥记营造厂在《建筑月刊》1933年第6期上的广告说："本厂承造各埠建筑达数十处，都千万余金，略举如下，备资参考""本埠工程"有实隆医院、公共宿舍、上海牛皮厂、中华码头、交通大学工程馆、四行廿二层大楼等14项；"外埠工程"有总理陵墓第三部工程、中山纪念堂、阵亡将士公墓、（厦门）美国领事署、财政部办公处、宋（子文）部长官邸、中国银行（南京）、

新村合作社（南京）和海军船坞（青岛），共9项。该广告还给了馥记营造厂在上海、广州和南京的电报号码。但是，广告并不是所有厂商都做得起的，也不是所有的广告都是成功的。

平时就注意与业主、建筑师建立良好关系，培养自己的客户，本属合理之事。但为此而用手段则常难以见人。顾兰记营造厂老板早年做监工时，结识怡和洋行、马海洋行的外国建筑师，后来与马海洋行大班马海关系十分密切。先施公司施工招标时，有几家营造厂参加竞标，顾兰记营造厂因有怡和洋行等外国人担保，比其他营造厂略胜一筹夺承建权。其他营造厂商也都编织起自己的关系网、建立自己的专业户。裕昌泰营造厂专做英租界工部局打样间业务，协盛营造厂专门承包通和洋行打样间业务，余洪记营造厂专做英国财团的工程，姚新记营造厂专做法商打样间业务，久记营造厂专做日本人的工程，还有专做国内官僚资本、民族资本企业工程的馥记营造厂、陶桂记营造厂、申泰营造厂等。[30]

《建筑月刊》1933年第1-2期上有篇文章，说的是当时营造厂同业主与外国建筑师和工程师的关系："营造人……倾轧同业，独谋垄断，不惜败誉，以卜微利。当众则肆口同仇敌忾，背地则阴庇外人之名，购用低贱仇货……"，"营造人既乏基本德行教育，遇业主建筑师或工程师，不遵商业正轨（业主建筑师及工程师，亦有不当之处，容于另篇论之），唯知一味逢迎，……同业观之，反誉之好资格，好功夫，善笼络斲轮老手，于是转辗效颦，势将尽趋营造人于阴险、诌媚、刁滑、龌龊之末流矣。间有一二秉性刚直，不甘自屈者，反讥之谓不谐世俗，社会之日习浇漓，吾营造人实负有一部分之重大责任也。……综上述因故，营造人虽从事于建设之大役，终不见重于社会，而列之于包工工头、大包作头之流耳。……营造人之缺乏爱国心，亦不庸讳言也。……综上数端，……营造人亟应整顿，不容或缓。余若致送外人建筑师之冬至节礼，动辄数千金，虽云

因营业关系，赠送节礼，籍增感情。然工程较巨，获利较厚者，致送隆仪，尚无损害。唯工程较小者，或营业欠佳者，甚或纵无工程而与外人建筑师素熟谙者，亦格于陋俗，不得不送，送又不得不厚，此种糜费。若以数目计之，仅就上海一埠而论，比较活动之营造厂，约五百户，每户平均年糜五百元，积之则得二十五万元。若年将此款积储，则年可设一建筑材料工业厂，挽回采用外货之巨大漏卮。但此仅就一端而论，营造厂苟能众志成城，我敢谓不十年间，自可工厂林立，驰骋欧西矣。尚幸吾营造人力自奋起，与穷凶黩武，野心侵略，延误世界进化，破坏世界和平之恶魔战，营造界幸甚，中国幸甚。"[31]

有些营造厂投标前千方百计打听行情，迎合标底，中标后偷工减料。1928年建造华懋公寓时，营造厂中标后，为了抵补被打样工程师勒索的3万银元的损失，偷减基础桩，致使工程竣工后即下沉2米多。[30]

在营造厂商的竞争中，建筑师往往有很大的影响力。如果有些业主因为自己缺乏营建知识或图省力，将招标和其他管理事务委托承担设计的建筑师，则品行不端者就会乘机勒索营造厂商。例如，《建筑月刊》1934年第7期有篇文章说："建筑师、工程师于承接设计之工程，招集营造厂商领取图样章程开账投标时，必须缴纳手续押样等费，自数十元至几百元不等；厂商受托开账，精密计算，既具苦心，又须受此贴费损失，殊失事理之平，且此种恶例，时为宵小利用以作诈财之径，尤感痛苦，因之厂商纷向上海市营造厂业同业公会请求设法救济，既以保障利益。"[32]

这种做法给某些宵小之徒造成了诈骗的机会。因此上述文章接着说："上年十月间，有上海长源测绘公司主任全某，承接南市姜延泽蕊记妖号之委托，于法租界蒲石路基地上设计西式住宅，招商投标承建，当时应征者十余家，各遵照规定缴纳押样费三百元，均由全某掣给收据为凭；据届开标之际，全某突然身故，致各厂所缴押样费，虽经迭次交涉，卒无人负责

发还。此其一。今年七月间，有名奚光新者，设事务所于圆明园路一三三号三楼三二二至三二三房间，声言在法租界巨泼来斯路建造三层出租住宅八十三栋，招商投标，规定于七月四日前赴事务所领取图样，并随缴押样费六百元，约定同月十五日开标。而届期竟人去楼空，该奚光新者已席卷押样费鸿飞冥冥矣。捕房虽在严缉，尚未获案。此其二。类此之举，固不胜胪述。"[32]

（三）各地情况

1、上海

对于20世纪30年代上海的建设事业，当时的报刊有生动的报道，以下就是两篇：

"据上海公共租界工程处报告，去年（1930年）界内建筑之盛，又造成新纪录。就所发执照估计，民间建筑之费，共达四千六百六十三万三千八百两，此外零星工程，尚有二百万两之谱。公家建筑亦不少，全年约近四千七百万两。唯值银价跌落，建筑材料远昂于前年，估计其中大约有一千万两，系因金贵银贱而增加之支出，故建筑费比率比去年实增不过百分之三十至三十五。华式住屋及市房，全年添建六千八百十八所，除去拆卸三千七百九十六所，实增三千零二十二所。西式住宅，添建三百二十七所，除拆卸三百零九所，实增不过十八所。此外新建与翻造者，复有旅馆三所、西式公寓五所、写字间房屋三十五所、西式商店二百九十八所、戏院六所、学校六所、纱厂三所、工厂二十四所、货栈六十四所、医院一所、电话接线间三所、其他建筑一千零二所。"[33]

"欲知客岁沪上建筑工业之状况，与往年之比较，若将附表稍加检阅，即可窥见是业之概况，去年营造一业，不待沪案之发生，已呈衰颓之象，实际上建筑家当前年九一八事变时，已持镇静态度，故工程方面，殊少进展，至去年（1932）二月至七月间，则已一落千丈，八月至十一月，情形稍呈转机，惟至岁暮，则更劣矣，如将二十（1931）年全年营业总额，与平时应有翻造工程相较，其相差之远，实有霄

壤之别。如将全市所有营造工作，分列三部比较，去岁公共租界工程最少，仅占二十（1931）年工程总额百分之四十九，大上海区，亦仅占前年百分之五十五，惟界外各地工程，年来增长甚速，大有与本市繁荣拓展四区并驾齐驱之势。法租界营造工程，仍能保持原有状态，且有超过往年之势，凡此比较，其优劣之原因，似无需阐明，缘去年春间战事影响，最巨者莫如公共租界与大上海两区，法租界则独免，是以工程亦属最巨也。目前政局与军事两方，日臻和平妥协，营造工业，应市民之需要，自必有复兴猛晋之一日，而吾人认为最能促进此事之实现者，尤以先事解决越界筑路问题始。"[34]

"近年因外来经济势力之涌入，与夫内地人民之趋群都市，影响所及，建筑事业乃日趋蓬勃焉，盖社会经济虽陷衰落，工商实业虽感凋敝，而资本帝国主义者推销其剩余货物，固未有宁已，天灾人祸之内地，稍具财富者，又相率避祸而来沪，故住宅既时虞不敷，市房亦日见局促，租金因之居奇昂涨，于是投资房产者活跃，建筑事业乃颇有繁华之势。唯最近一年来之上海，承一二八战役之后，市面疲颓未复，人心惶惑未定，非只市区之建筑大受顿挫，即国人投资于特区者亦多裹足，幸金融界现金增厚，勇于投资建筑，故仍未有显著之衰落。……以沪市建筑事业之发达，故从业者日增……。

总观一年来之上海建筑事业，颇有新气象，然细查其内在，则业主尚多属外人，我人果未可乐观，负责设计者究属多由外籍建筑师担任，尤不禁悚慄，幸我国建筑界尚知自勉，差可告慰耳。

就以往之事实言之，建筑业之亟应注意者，厥为团结，我国建筑业者之团结性犹感欠缺，倘再互相倾轧，则已获之地位，恐难免有丧失之虞。该外人建筑势力之根蒂仍极巩固也。"[12]

文献[12]中有一张表，列出了1927至1932年上海在建造房屋上的花费，本文将其复制如表3所示。

了解了这种背景，就容易理解当时上海营造业的情况。

1931年成立的上海市建筑协会，在着力传播西方先进建造技术时，时有创新。他们创办《建筑月刊》，出版国内第一本《华英、英华合解建筑辞典》，与中国建筑学会联合举办建筑学术讨论会、演讲会，促进了上海近代建筑业的发展。

1934年，上海已有2000多家营造厂注册，雇用10多万建筑工人。1945年，经统计得知，上海的水电商达365家，平均每户雇用管理人员3～4人，技工、学徒10人左右，全市约有2000多人从事该行业。

上海厂商专业性强，如史惠记营造厂擅长吊装，沈记、陈根记擅长基础打桩，可与专营打桩的丹麦康益洋行分庭抗礼。陈林记营造厂擅长石作，从石头的粗坯制作、打平磨细到砌筑，很有特色。即使外商占优的水电、卫生设备安装，抗日战争胜利后上海自己的专业商行也达到了80余家。多工种的营造厂也开始出现，国华工程建设有限公司是一典型，混凝土搅拌、运输、打桩、吊装等设备齐全，且拥有发电设备。一批营造家从单一经营发展到跨行业经营。

上海的营造家很早就认识到了办学的重要性，1907年杨斯盛出资20余万两银子兴办浦东中学，不少建筑同行的子弟在此就读成才。

1927年至1932年上海营造总值逐年比较表
（市政府建筑物不在内）（规元）[34] 表3

年度	公共租界	法租界	大上海区	全沪总数
1927 年	9,200,752	3,555,800	2,500,000	15,256,552
1928 年	20,162,225	9,013,700	3,181,061	32,356,986
1929 年	25,149,690	12,492,400	7,744,592	45,386,682
1930 年	46,633,800	13,296,600	11,581,416	71,511,816
1931 年	37,327,215	8,083,100	16,940,944	62,351,259
1932 年	18,181,900	8,120,000	9,239,000	35,540,900

注：规元，1856年（咸丰六年）起，通行于上海的一种记账单位，1933年后停止使用。

1916 年至 1945 年上海营造厂数量变化表　　表 3

年度	营造厂
1916	53（外商 22）[14]
1919	较大者 60 多（外商 20 多）[14]
1922	300 多（公共租界工部局登记）[14]
1928	当年登记 812[35]
1929	1,010（当年登记 220）[36]
1930	124（外商 20）[14]
1931	1,639(当年登记 240)[37]
1934	2,000 多（包括营造厂、水木作、水电安装行、石料厂、油漆厂）[14]
1934 年底	791[14]
1936	2,700 多 [13]
1944	87（日商 53）[14]
1945	550（甲级 390、乙级 160）[14]

1928 年，沪绍水木公所创办了水木公学（1933 年改称通惠小学），是上海最早由实业界开办的小学之一。20 世纪 30 年代，由上海市建筑协会主办的正基工业补习学校培养了一批建筑业技术骨干。据 1948 年的资料统计，甲等营造厂的厂主或经理，有大学学历者占 8.3%，配有主任技师的厂家占 30%，其中出现了从国外留学归来的厂主。不少厂主、经理还取得了国民政府实业部考核认可的技师、技副职称，中国工程师学会上海分会会员有 20 余人。

1942 年日本侵略者占领"租界"后，营造业跌入低谷，上海主要营造厂商有的迁往内地、有的闭门歇业。

抗日战争胜利后，1948 年前，上海营造业也有发展，但由于内战爆发，经济萧条，一直萎靡不振。[11]

2、南京

1927 年，国民政府定都南京。在以后的 23 年中，南京营造业有过两次发展高峰。

第一次，从 1927 年起到 1937 年抗日战争爆发，这 10 年当中，国民政府急需官府和营房，公私金融机构建设首都总部，高官、富豪和社会名流起造豪宅，各种文化娱乐设施等纷纷开建，就使得南京原有营造厂不足应付，于是新开业的营造厂日益增多，上海 60 多家营造厂及水电行也蜂拥而至。1937 年 4 月，在南京市工务局登记的营造厂共有 925 家，其中甲、乙、丙和丁级分别是 170、156、250 和 349 家。

侵华日军占领南京后，南京许多营造厂内迁重庆等地，1942 年南京营造厂仅剩 178 家。[38]

第二次从 1945 年底起，到 1948 年下半年止，国民政府还都，除了修缮原有建筑物和构筑物，还要增建许多。营造业再度振兴，外迁厂家也先后返宁。1947 年第 4 季度和 1948 年上半年南京申请开业登记及核准的营造厂可分别见表 4 和表 5。

1948 年市工务局共核准 625 家营造厂，其中甲、乙、丙和丁四等分别为 259、63、130 和 173 家，另外，水电行、搭篷厂和油漆作坊分别有 92、54 和 201 家。[39]

3、武汉

1912 年以前，武汉先后出现不同牌号的营造厂 48 家，其中外商 8 家，有在本地开业者，亦有到外地开业者。1915 年统计，汉口有泥水作坊 13 家，木作坊 72 家，石作坊 14 家。但尚无资质审查的记载。

1929 年，武汉市工务局将全市营造厂及泥木作坊注册登记。按资金多少分四等。甲等在 5 万元以上，可承包一切大小土木建筑工程；乙等在 5000 元以上，可承包 2 万元以下工程；丙等在 1000 元以上，可承包 2000 元以下工程；丁等在 100 元以上，可承包 500 元以下工程。登记结果是甲、乙、丙和丁等分别有 30、52、277 和 210 家。列入丙和丁的实际是作坊。甲、乙等营造厂皆为新建，无一是泥木作坊增资者。凡在本地或外地已注册的营造厂，要在本地营业，还要办理年度营业执照，自当年 7 月 1 日起至次年 6 月 30 日止为 1 年度。持有营业执照

南京市 1947 年 10-12 月申请登记及核准的营造厂（单位：家） 表4

月份	登记数		本月底前本年累计数	
	申请数	核准数	申请数	核准数
10 月	15	56	207	411
11 月	23	33	230	474
12 月	21	18	255	942
合计	59	107	–	–

资料来源：根据南京市工务局造送之资料编制。

说明：各月核准数包括本月所申请及以往申请于本月底核准者。[40]

南京市 1948 年 1-6 月申请登记及核准的营造厂（单位：家） 表5

			一月[41]	二月[41]	三月[41]	四月[42]	五月[42]	六月[42]
登记数	申请数	甲等	18	9	–	3	26	6
		乙等	8	4	–	2	7	3
		丙等	4	3	–	2	37	15
		丁等	4	1	–	–	6	6
		小计	34	17	–	7	76	30
	核准数	甲等	23	–	–	–	–	–
		乙等	3	1	–	–	–	–
		丙等	2	–	–	–	–	–
		丁等	–	1	–	–	–	–
		小计	28	3	–	–	–	–
截止本月底累计数	申请数	甲等	472	476	476	479	505	511
		乙等	120	121	121	123	130	133
		丙等	230	233	233	235	272	287
		丁等	120	121	121	121	127	133
		小计	942	951	951	958	1,034	1,064
	核准数	甲等	287	287	287	287	287	287
		乙等	67	68	68	68	68	68
		丙等	123	124	124	124	124	124
		丁等	124	125	125	125	125	125
		小计	601	604	604	604	604	604

资料来源：根据南京市工务局造送之资料编制。三月份起暂停登记。[41]

的始可承包工程，否则处罚。[43]

1929 年当年曾罚文同兴现洋 30 元，勒令汉森泰和沈庆泰 2 家停业，对孙玉泰、秦先发 2 户警告。[43]

汉口市 1930 年各月政府工程（公园、码头、道路等）建筑工人数见表 6。

宜夫在 1934 年第 3 期《汉口商业月刊》上写道："自世界经济恐慌发生以来，东西各国无不深陷入不景气之烟幕中……中国为经济落后国家，亦为各资本帝国主义国家侵略榨取之对象，值兹举世创痛呻吟之际，中国自身自然受病独身，而痛苦特剧！抑又不仅此也。国内长期内战，遍地告匪，水旱交灾，戎狄互祸。……汉口在国内各大都市中，没落尤速，凋零特甚。……农村崩溃，生产衰落，百业困顿，都市工商亦异常萎缩……据汉口淮盐、精盐、保险、营造、绸缎……等业十九个同业公会函致市商会之二十二年度简略营业报告（报告录后），则知一般情况较二十一年度为尤劣！各报告书中共同之点，厥为各业倒闭相寻，一般艰于支持。而对捐税繁重，要求减免，则又为各业共同唯一之希望。……近三年来，汉市工商业经营，至感艰难，各业亏折居多。"根据该文附表，除保险业外，1933 年汉口市营造业与其他十八个行业一样在亏损之列，三百多家倒闭，仅存二百余家。宜夫先生还具体分析了营造业何以不堪的原因，他说："查汉口市各营造厂，自民国十六年以后，一蹶不振，各家皆然，究其原因有三。（一）年来市面萧条，各业清淡，经济破产。（二）政府借租，与房客减租之事，时有所闻。（三）洋灰加税，材

汉口市 1930 年各月政府工程（公园、码头、道路等）建筑工人数统计表 [44]　表 6

月份	人数	月份	人数
一月	27,216	七月	49,322
二月	43,986	八月	52,914
三月	86,412	九月	55,095
四月	108,134	十月	136,993
五月	66,000	十一月	73,590
六月	30,110	十二月	78,333

料涨价，物质（值）提高。有此三因，影响建筑业实非浅鲜，故稍有赀财者，横视建筑房屋为畏途。所以汉口近年，不独无巨大之工程建筑，而小有修理者，亦不多见。前本会（指营造业同业公会）五百余家之会员，现已减至二百余家，即今有未收歇者，亦尚难以支持。如将来不减轻建筑物之物价与税率，则营造业前途，难有起色也。" [45]

汉口营造厂 1937 年工商调查的结果见表 7。

汉口营造厂 1937 年工商调查的结果
（单位：家） [46]　表 7

等级	营造厂数目	注册资本
甲等	37	5 万元以上
乙等	40	5 千元以上
丙等	165	1 千元以上
丁等	3	1 百元以上
合计	245	

营造厂的雇员分事务和工程两种。事务人员有经理（一般厂主自兼）、司账（会计）、监工、交际人员；工程人员有各种土木工程师，分担设计、绘图、测量等工作。资本薄弱的小营造厂，无力雇用各种技术人员，在承揽工程时，临时以不菲的代价请其他厂家或独立开业的工程师，代为设计、绘图，或由业主自请各专业工程师设计、绘图，然后按照图纸建造。营造厂不同于以散工形式承揽工程的泥木厂，实行的是包工包料做法，可大大减少了业主管理上的困难，提高了工程质量，降低了建造费用。营造厂较之泥木厂，亦因经营规模的扩大，可

以规模经营之利。1927 年以前，汉口商业繁盛，市内建造事业活跃，开设了许多营造厂；但是，在 1931 年以后，不但市面萧条，建筑材料价格亦呈上升之势，尤以建筑五金为最。在这种形势下，资金雄厚的大营造厂尚可承揽为数不多的较大工程，可维持若干时日，勉资生存，最感摇摇欲坠者，就是资金微薄的小营造厂，无工程可承揽，因而收歇者甚伙。这就是汉口营造业无可奈何之处。[46]

4、广州

"广州年来，虽属多故，而建筑事业，则日形蓬勃。此事归工务局办理。局长系留美学生，局员亦多留学美国之士，以故广州工程，美国彩色特浓。其建筑手续，于未动之先，须领取牌照。建造惯例为包工制；匠人工作时间，约自每日上午八时前后至下午五时；工价则以手工之优劣，别为五角或一元以上；手艺尚佳，各项工程俱能担任。现制图者约有三种人，一为留美学生，一为纯恃经验，一为外国工程师。今外国公司之存者，仅英人所办之（Little, Adams & Wood）。该公司根蒂颇深，总办事处设于香港。广州重要工程，十之八九出其计划。若兼监工，则值百抽七，只认一部分则抽三点五。华人自办之工程公司，家数甚多。团体则有土木建筑公会，工程知识日见发达，以目下情形观之，此后外人在广州经营此项事业，设非具有特别技能，恐不易于发展也。" [47]

"广州市今年因各地纷纷开辟马路、改建层楼，故营建筑业者，颇有进展。然尤以今年为最发达。盖自去年程天固长工务局后，对于开路进行，尤为紧张。计自去年七月止，开辟马路竟达五十万呎有奇。所以，在开路范围内之铺户，多有乘时改建层楼高阁，暨重修门面，是以营业建筑之商人，大有应接不暇之势，而前时改营别业之建筑商人，亦有恢复营建筑事业。计去年旧建筑店六百余家，今年增加二百余家。工人总数约有八九万人，且工务局往年每月所发建筑凭照，至多十余件，今则日发六七十件。其业之发达，于此可见。故今年上

广州市建筑商店数目的 1929 年和 1933 年
调查结果（单位：家）[49]   表8

	甲等	乙等	丙等	丁等	建筑公司	合计
1929 年	302	597	405	–	44	1348
1933 年 5 月 1 日	514	417	184	–		1115

半年营斯业者皆获厚利云。"[48]

广州市建筑商店数目的 1929 年和 1933 年
调查结果见表8。

5、杭州

杭州市 1930 年有 14 家营造厂，注册资本
为 1000 元的分别是 1919 年和 1928 年开业的姚
春记营造厂（常年雇用 13 人）和协盛营造厂（常
年雇用 20 人），其余注册资本都是 500 元。姚
春记营造厂全年生产总值最高，为 5 万元。[50]

6、西安

西安市从 1935 年到 1936 年，共有营造
厂或建筑公司 171 家，注册资本从五百元到
二十万元不等。

最大的是以陶桂林为经理的馥记营造厂，
注册资本是二十万元，其次是以周敬熙为经理
的建业营造厂，注册资本是十万元。注册资本
为五万元的分别是周筱泉的裕庆建筑公司、黄
钟琳的创新营造厂和刘聘三的复兴建筑公司。[51]

各营造厂逐渐引入了某些西方经营方式，
如参与投标，签订工程合同等。但营造厂内部
管理，还是落后的、具封建色彩的方式。专职
管理人员一般由厂主亲属、亲信担任，作头、
小包与工匠之间形成雇用与被雇用的层层剥削
关系。建筑工人的劳动条件很差，施工安全和
生活福利没有保障。[13]

三、政府管理机构

（一）概述

1、中央政府

根据国民政府 1928 年 10 月 20 日公布的行
政院组织法，行政院设内政、外交、军政、财政、
农矿、工商、教育、交通、铁道和卫生十个部，

以及建设、蒙藏、侨务、劳工和禁烟五个委员会。[52]
1933 年 10 月 4 日，又成立全国经济委员会。[53]

本文开头处提到的"训政时期经济建设实施
程序"将建设事业分为全国和地方的两种，因而管理机关和方式不同。下文分别介绍之。⑥

（未完待续）

参考文献

[1]《国民政府公报》1927 年宁字第 1 期，宣言，第 1 页.

[2]《军事杂志》1929 年第 8 期，军声日记，第 16 页.

[3]《国闻周报》1929 年第 6 卷第 11-13 期.

[4]《国民政府公报》1928 年第 4 期，宣言，第 1-4 页.

[5]《中央党务月刊》1929 年第 10 期，中国国民党第
    三次全国代表大会决议案，第 29 页.

[6]《行政院公报》1939 年渝字第 2 卷第 6 期，内政，
    第 1-5 页《管理营业规则》.

[7]《杭州市市政月刊》1930 年第 3 期法规本市规程，
    第 14 页《杭州市营造厂登记暂行规则》.

[8]《南京特别市工务局》于 1928 年 1 月 18 日公布《南
    京特别市承办建筑店铺登记领照章程》.

[9]《广州市市政公报》1929 年第 322 期法规，第 15
    -18 页《广州市建筑商店注册换照登记条例》.

[10]《广东省政府公报》1930 年第 112 期本省法规，
    第 2-4 页《汕头市修正建筑工厂注册规程》.

[11]《上海建筑施工志》综述，《上海建筑施工志》
    编纂委员会，编纂：吴文达、张锡荣、李晓华；
    上海社会科学院出版社，出版时间：1997 年 10 月.

[12]《时事大观》1933 年 -1934 年第 427-429 页"一
    年来上海建筑业".

[13]《上海建筑施工志》管理篇第二章企业经营管理
    第二节.

[14]《上海建筑施工志》队伍篇第一章队伍沿革.

[15] 费霍，改进实施工程营造厂之意见，《工程报道》
    1947 年第 39 期第 11-12 页.

[16] 伍江，上海百年建筑史（1840-1949），同济大

学出版社，1997年5月.

[17] 张复合，中国近代建筑史"自立"时期之概略，建筑学报，1996年第11期.

[18] 王浩娱，袁雪平，司春娟编，近代哲匠录——中国近代重要建筑师建筑事务所名录，中国水利水电出版社；2006年8月第1版.

[19] 中国近代建筑总览汪坦，藤森照信（共15册），如王士仁、张复合/村松伸、井上直美，《中国近代建筑总览·北京篇》，中国建筑工业出版社，1993；汪坦，马秀之，藤森照信，《中国近代建筑总览·广州篇》，中国建筑工业出版社1992年2月；刘先觉，张复合，寺松，寺原让，《中国近代建筑总览·南京篇》，中国建筑工业出版社1992年2月等.

[20] 国民政府主计处统计局编印《统计月报》1944年第89期内政专号第35页表十八.

[21]《广东省政府公报》1946年广字复刊第19期法规第30-32页《建筑师管理规则》.

[22]《广东建设公报》第2期全国交通会议专记第171页.

[23] 中国公路交通史编审委员会，《中国公路史第一册》，人民交通出版社，1990年6月.

[24]《励志》1936年第1期第10-12页军人参加国民经济建设运动问题.

[25]《中央时事周报》1935年第13期第2页论国民经济建设运动.

[26] 蒋中正，国民自救救国之要道，《励志》1936年第1期第3-9页.

[27]《江苏建设月刊》1935年第1期第19-20页专载沈百先"筹办开辟导淮入海初步工程之经过".

[28]《江苏建设月刊》1935年第1期第24-28页专载武同举"初步导淮开工纪念".

[29]《新人》1934年第18期第369页，导淮工夫真实生活（淮阴通讯）.

[30] 娄承浩，老上海营造业及建筑师，同济大学出版社，2004年3月.

[31]《建筑月刊》1933年第1-2期第41-42页国难当头营造人应负之责任.

[32]《建筑月刊》1934年第7期第41-43页振兴建筑事业之首要.

[33]《时时周报》1931年第16期第248页去年上海公共租界内之建筑统计建筑费几达五千万两.

[34]《中行月刊》1933年第1-2期第251-252页"民国廿一年上海建筑统计".

[35]《上海特别市工务局业务报告》1928年第2-3期营造第176页.

[36]《上海特别市工务局业务报告》1929年第4-5期营造第86页.

[37]《上海市工务局业务报告》1931-1932年第9-10期营造第86页.

[38] 江苏省地方志编纂委员会，《江苏省志·建筑志》，江苏古籍出版社，2001年12月，第五章建筑企业第一节营造厂第415页.

[39]《南京市志》第二册（城乡建设），南京市地方志编纂委员会，方志出版社，2009年12月，第十二卷建筑业第五章建筑企业与队伍.

[40]《南京市统计季报》1947年第12期第26页表四十九.

[41]《南京市统计季报》1948年第1期第32-33页表四十七.

[42]《南京市统计季报》1948年第2期第29页表五.

[43] 武汉地方志编纂委员会办公室编，《武汉市志·城市建设志》下卷，建筑安装，武汉大学出版社，1996年6月.

[44]《新汉口》1931年第7期第154页.

[45] 宜夫，"汉口市十九个同业公会二十二年度营业报告"，《汉口商业月刊》1934年第3期论文第1-10页

[46]《汉口商业月刊》1937年第9期工商调查第19-28页

[47]《中外经济周刊》1924年第70期第30页广州市之建筑业.

[48] 广州市市政公报1930年第365号纪事第54-55页.

[49] 莫超豪，黄德明，"广州市建筑商店之调查"，《工程学报》1933年第2期第110-112页.

[50] 杭州市政府秘书处编印市政月刊1930年第9期调查统计第19-20页营造业工厂一览表.

[51] 西安市工季刊1936年第1期第20-37页附录西安市核准登记营造厂一览表民国二十四年九月起至二十五年十一月止.